科技探索·奥秘生命

李华金 编著

Keji
Tansuo
Aomi shengming

生命的延续

Shengming De Yanxu
Shengzhi Yu Yichuan

——生殖与遗传

中国出版集团
现代出版社

图书在版编目（CIP）数据

生命的延续——生殖与遗传 / 李华金编著．— 北京：现代出版社，2012.9（2024.1）
（科技探索·奥秘生命）
ISBN 978－7－5143－0700－9

Ⅰ．①生… Ⅱ．①李… Ⅲ．①繁殖－青年读物②繁殖－少年读物③遗传学－青年读物④遗传学－少年读物
Ⅳ．①Q418－49②Q3－49

中国版本图书馆 CIP 数据核字（2012）第 170367 号

生命的延续——生殖与遗传

编　　著	李华金
责任编辑	陈世忠
出版发行	现代出版社
地　　址	北京市安定门外安华里 504 号
邮政编码	100011
电　　话	010－64267325　010－64245264（兼传真）
网　　址	www. 1980xd. com
电子信箱	xiandai@ vip. sina. com
印　　刷	三河市人民印务有限公司
开　　本	710mm×1000mm　1/16
印　　张	14. 5
版　　次	2012 年 10 月第 1 版　2024 年 1 月第 9 次印刷
书　　号	ISBN 978－7－5143－0700－9
定　　价	59. 80 元

前言 PREFACE

生命的延续——生殖与遗传

生殖与遗传是一切生命活动的基本规律，是生物界存在的极其复杂的生命现象。遗传是生命有机体在生殖过程中所表现出来的亲代与子代间的相似现象，遗传使生物体的特征得以延续。遗传是高度稳定的，但这种稳定性又是相对的。生物有机体通过特定的方式产生子代，从而使生命得以延续并获得亲代的遗传特性的过程称为生殖。在人类，生殖是通过两性细胞的结合而实现的。随着生物医学科学的发展，尤其是人类基因组计划的完成和后基因组计划的实施，遗传与生殖科学这一新课程也应运而生了。

目录

CONTENTS

生命的延续——生殖与遗传

SHENGMING DE YANXU SHENGZHI YU YICHUAN

认识生命

生命的起源 …… 2

生命的进化 …… 7

细　胞 …… 11

染色体 …… 33

DNA …… 37

基　因 …… 45

生　殖

无性生殖 …… 54

克　隆 …… 69

有性生殖 …… 73

人类的生殖 …… 83

遗　传

遗传学的发展史 …… 94

遗传的规律 …… 101

伴性遗传 …… 126

遗传与环境 …… 133

性别与遗传 …… 141
遗传与疾病 …… 144
遗传工程 …… 158

克隆技术

什么是克隆技术 …… 164
克隆技术的发展史 …… 165
“多莉”的诞生历程 …… 169
克隆人：生命伦理禁区 …… 173
克隆技术的应用 …… 178

基因工程

什么是基因工程 …… 200
基因工程的诞生 …… 201
怎样进行基因工程 …… 203
转基因技术 …… 205
基因工程的前景 …… 218
基因工程的弊端 …… 222

认识生命

SHENGMING DE YANXU
SHENGZHI YU YICHUAN

地球上的生命究竟是如何诞生的？这至今依然是一个悬而未决的问题。根据科学家的推测，在35亿年之前地球上就已经出现了生命，但生命的源头在哪里？人类的祖先又是谁？本章将从确立进化论的伟大历程开始，并透过基因专家对人类基因的长期追踪，为您逐步揭开生命起源的奥秘。

生命的起源

在我们这个星球，居住着无数的“居民”。有的翱翔于云端之上，有的扎根于土壤之间，有的寄身于洞穴之内，有的潜游于湖海之中。有的小到比芥豆还微，比尘埃还细。有的却身长百米，体重万斤。有的朝生暮死，有的长寿千年。尽管它们千差万别、多种多样，但都有一个共同的特征，即有生命。这些“居民”可以分为三类：动物、植物、微生物。它们共同组成生物界。根据科学记载，动物有150多万种，植物有30多万种，微生物也有20多万种。但实际上生物的种类远不止这些，因为有很多种生物还未发现，科学家还在寻找之中。人类本身也是生物界中的一类，只因为人会劳动、会思想，与众不同，所以卓然自立、雄视万类，被誉为“万物之灵”，成为这个星球的主宰者。

生物有着各种各样的生命活动。任何生物都有生、有长、有老、有死。一粒种子在有空气、水分、营养物质存在及一定的温度条件下，从发芽、生长、开花、结果，到最后死亡；一个初生婴儿，经哺乳期、幼年、少年、青年、壮年直到衰老去世……这些都是生物体进行生长发育的生命现象。所谓生长发育，就是生物体摄取外界物质建造自己身体的一系列量变和质变的复杂过程。在生长发育过程中，生物体要不断地进行新陈代谢。新陈代谢是生物体最基本的生命活动，也是生物和非生物的主要区别。

另外，还有一种生命活动，这就是生物的繁殖后代——“生儿育女”。繁殖亦称生殖，是生物体生长发育的必然结果。凡是生物基本都具有繁殖后代的本能。生物如不能繁殖，种族就会绝灭，生物界也就不会

基本小知识

新陈代谢

生物体与外界环境之间的物质和能量交换以及生物体内物质和能量的转变过程叫作新陈代谢。

继续存在。

环顾广阔的自然界，我们到处都可以发现生命的踪迹，察觉到生命的活动。具有生命的有机体尽管多种多样、千差万别，但它们都有生、有死，都能在成熟之后，采取一定的方式繁殖后代。地球上的各种生物都是“远亲近戚”，都是从一些最简单、最原始的生命类型逐渐演变而来的。那么，地球上最初的生命又是怎样诞生的呢？

对于生命起源的问题，从古代到 17 世纪一直盛行着“自然发生”的观点。这一观点根据简单的观察，认为生命是从非生命物质中快速而直接地产生出来的，如从汗水中产生虱子，从腐肉中生出蛆，从潮湿的土壤中长出蛙等。直到 17 世纪初，范·赫耳蒙特还开出了制造老鼠的处方：把小麦和被汗水污湿的衬衣都放进容器进行发酵，经过 21 天就会长出活的老鼠。到了 17 世纪中叶，人们开始用实验的方法探讨生命起源的问题。1669 年，意大利医生弗朗西斯科·雷迪首先用实验证明肉本身并不会生出蛆，只有当蝇卵落在肉上才会长出蛆来，否定了“腐肉生蛆”的观点。

19 世纪，巴斯德做了一个经典的实验：将肉汤煮沸后不封闭管口，使空气通过一段由水蒸气凝结成水液的曲颈而进入烧瓶，空气中的微生物则不能进入烧瓶，这种烧瓶中的肉汤过了几个月仍然很新鲜，而在没有曲颈的烧瓶内，肉汤在几小时内就腐败了。实验表明：液体的腐败是由于微生物的活动而引起的，如果有机浸液未被环境中的微生物所污染，就不会生出任何

广角镜

巴斯德

路易斯·巴斯德（1822—1895 年），法国微生物学家、化学家。他研究了微生物的类型、习性、营养、繁殖、作用等，奠定了工业微生物学和医学微生物学的基础，并开创了微生物生理学。循此前进，在战胜狂犬病、鸡霍乱、炭疽病、蚕病等方面都取得了成果。英国医生李斯特并据此解决了创口感染问题。从此，整个医学迈进了细菌学时代，得到了空前的发展。美国学者麦克·哈特所著的《影响人类历史进程的 100 名人排行榜》中，巴斯德名列第十一位，可见其在人类历史上巨大的影响力。其发明的巴氏消毒法直至现在仍被应用。

生命来。

那么，生命是从何而来的呢？

传说，在宇宙天地尚未形成之前，黑暗笼罩着无边无际的空虚混沌，上帝那孕育着生命的灵运行其中，投入其中，施造化之工，展成就之初，使世界确立，使万物齐备。

传说上帝用 6 天创造了天地万物。

第一日，上帝说："要有光！"便有了光。上帝将光与暗分开，称光为昼，称暗为夜。于是有了早晨，有了晚上。

第二日，上帝说："诸水之间要有空气隔开。"上帝便造了空气，称它为天。

第三日，上帝说："普天之下的水要聚在一处，使旱地露出来。"于是，水和旱地便分开。上帝称旱地为大陆，称众水聚积之处为海洋。上帝又吩咐，地上要长出青草和各种各样的开花结籽的蔬菜及结果子的树，果子都包着核儿。世界便照上帝的话成就了。

第四日，上帝说："天上要有光体，可以分管昼夜，做记号，定节令、日子、年岁，并要发光普照全地。"于是上帝造就了两个光体，给它们分工，让大的那个管理昼，小的那个管理夜。上帝又造就了无数的星斗，把它们嵌列在天幕之中。

第五日，上帝说："水要多多滋生有生命之物，要有雀鸟在地面天空中飞翔。"上帝就造出大鱼和各种水中的生命，使它们各从其类；上帝又造出各样的飞鸟，使它们各从其类。上帝看到自己的造物，非常喜悦，就赐福这一切，使它们滋生繁衍，普及江海湖泊、平原空谷。

第六日，上帝说："地要生出活物来；牲畜、昆虫、野兽各从其类。"于是，上帝造出了这些生灵，使它们各从其类。上帝看到万物并作，生灭有继，就说："我要照着我的形象，按着我的样式造人，派他们管理海里的鱼、空中的鸟、地上的牲畜和地上爬行的一切昆虫。"上帝就照着自己的形象创造了人。上帝本意让人成为万物之灵，就赐福给他们，对他们说："要生养众多，遍满地面，治理地上的一切，也要管理海里的鱼、空中的鸟和地上各样活物。”按《圣经》的说法，人类是这个世界的管理者和支配者。

第七日，天地万物都造齐了，上帝完成了创世之功。在这一天里，他歇息了，并赐福给第六天，圣化这一天为特别的日子，因为他在这一天完成了创造，歇工休息。就这样星期日成为人类休息的日子。

“造化钟神秀，阴阳割昏晓。”上帝就是这样开辟鸿蒙，创造宇宙万物的。

天、地、万物乃至生命，真是由上帝在短短的6天里造就的吗？

天文学、化学、物理学、地质学、宇宙考察等方面的资料告诉我们：我们现在的太阳系——太阳、地球以及太阳系的其他行星都是由同一个宇宙尘埃云，同样一些物质形成的。地球诞生的年代大约是距今46亿年前。当时，固体尘埃聚集结合成为地球的内核，外面围绕着大量的气体，绝大部分是氢和氦。此后，由于物质集合收缩及内部放射性物质产生的大量热能，使地球的温度不断升高，大气中气体分子运动速度增大，一些分子量较小的气体终于摆脱地球的引力，不断地逸到宇宙中去。同时，强烈的太阳风也把地球外围的气体分子（如氢、氦）吹开而消失到宇宙深处。因此，在地球的历史上，虽然最初有很多的大气，但此后有一段时期，其大气层几乎完全消失了。直到地球表面温度逐渐下降以后，才重新产生大气层。

知识小链接

内　核

内核是生物遗体中空部分的充填物。如双壳类和腕足类常形成内核化石，其表面即外壳的内模。

地球内部的高温使物质分解产生大量的气体，冲破地表释放出来。据推测，其中有二氧化碳、甲烷、水蒸气、硫化氢、氨、氰化氢等。这些新产生的气体离开地表以后，很快冷却，保留在地球的外围逐渐形成一个新的大气层。这是地球第二次形成的大气层，是还原性的。另外，在强烈的紫外线作用下，有少量的水蒸气分子被分解为氢和氧分子。氢分子因质量小而浮到大气层最高处，大部分逐渐消失到宇宙空间；氧分子则跟地面一些岩石结合为氧化物。因此，当时的大气层中不存在游离的氧，这跟以后地球上产生生命，有很大的关系。

当地球表面温度下降的同时，由于内部温度仍然很高，所以，火山活动仍然很频繁，火山爆发喷出大量的气体（包括水蒸气）。另一方面，由于地壳不断发生变动，有些地方隆起成高原或山峰；有些地方收缩下降而成低地和山谷。大气层中的水蒸气很快达到饱和，冷却而成为雨水降落到地面上来，凝集在一些低凹的地方，逐渐积累形成湖泊、河流，最后汇集在地面上最低的区域，形成最初的海洋——原始海洋。

没有游离氧存在的、具有还原性的原始大气和原始海洋为原始生命的形成和发展提供了条件。1876 年，恩格斯提出了“化学起源说”并指出，生命的起源必然是通过化学的途径实现的。实际上，当雨水把大气中的一些生成物降到原始海洋后，原始海洋就成了生命化学演化的中心。

生命起源的化学进化过程经历了十几亿年的时间，直到约 32 亿年前才出现了最古老的微生物。这一进化过程经历了如下四个主要阶段：

1. 由无机物生成有机小分子

在原始地球的条件下，当时地球原始大气中的小分子无机物（如 NH_3、H_2O、H_2S、H_2 等）由于地球引力而逐渐增加密度，在自然界中的宇宙射线、紫外线、闪电等的作用下，就可能自然合成出氨基酸、核苷酸、单糖等一系列比较简单的有机小分子物质，完成了化学进化的第一阶段。这些有机小分子通过雨水的作用，流经湖泊和河流，最终汇集到原始海洋中。

趣味点击　地球引力

引力是质量的固有本质之一。每一个物体必然与另一个物体互相吸引。尽管引力的本质还有待于确定，但人们早已觉察到了它的存在和作用。接近地球的物体，无一例外地被吸引朝向地球质量的中心。因为在地球表面上的任何物体，与地球本身的质量相比，实在是微不足道的。

2. 由有机小分子物质形成有机高分子物质

氨基酸、核苷酸的出现为有机高分子物质的产生奠定了基础。在当时的条件下，多种因素共同作用，使许多氨基酸单体脱水缩合而成蛋白质长链，许多核苷酸单体脱水缩合而成核酸长链。蛋白质、核酸是生命体不可缺少的基本成分。因此，有机高分子物质的出现标志着化学进化过程中的一次重大飞跃。

3. 由有机高分子物质组成多分子体系

在这一阶段，蛋白质、核酸、多糖、类脂等有机高分子物质在原始海洋中不断积累，浓度不断升高。通过水分的蒸发、黏土的吸附等过程，这些有机高分子物质逐渐浓缩而分离出来，它们相互作用，凝聚成小滴。这些小滴漂浮在原始海洋中，外面包有原始的界膜，与周围的原始海洋环境分隔开，构成一个独立的体系——多分子体系。这种体系能够与外界环境进行原始的物质交换，显示出某些生命现象。因此，多分子体系是原始生命的萌芽。

4. 由多分子体系发展为原始生命

从多分子体系演变为原始生命，这是生命起源过程中最复杂、最有决定意义的阶段。有些多分子体系经过长期的演变，特别是由于蛋白质和核酸这两大类物质的相互作用，终于形成具有原始新陈代谢功能和能够进行繁殖的原始生命。

最初的原始生命是在极其漫长的时间内，由非生命物质经过极其复杂的化学过程，逐步演变而成的。原始生命形成以后，就进入了生物进化阶段。应该强调的是：蛋白质和核酸是生命体内最基本、最重要的物质。没有蛋白质和核酸，就没有生命。

生命的进化

从最古老的单细胞到有着复杂生命结构与思维的人类，在漫长的生命行进征程中，形形色色的生物从出生到灭亡，从低等到高等，究竟是何种神奇的力量推动着生物的进化发展呢？

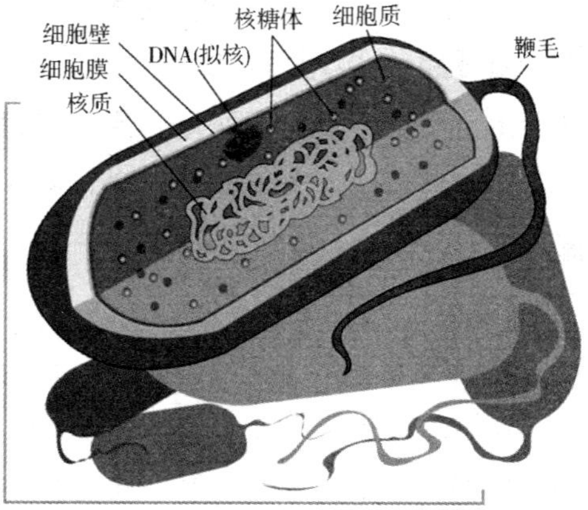

原核生物

最初的原始细胞，叫原核生物，至今仍以细菌的方式存在。它们都没有一些较高级细胞那样的细胞核、其他许多亚细胞结构和细胞器。除核糖体外的细胞不能获得自身需要的养料；而将排出的有机物分子溶解在自己生活的海洋中。这种营养方式（摄入现成的养料）被称为异养型。细胞也不能利用氧气破坏食物分子以获得能量。由摄入养料而放能的过程叫呼吸；无氧的呼吸称为厌氧呼吸。最初的生命实际上是厌氧型的，由于大气中没有自由氧或单体氧。

厌氧呼吸的效率极为低下，它需要很多养料来产生很少的能量。但是，在充满大量有机物的海洋中，海洋所含养料不能持续很长时间。生命体消耗养料的速度比通过化学过程补充养料的速度快得多。没有养料，生命不可能生存。难道远在最低级的软体虫爬行到陆地上之前，生命就因为饥饿而灭绝了吗？

要不是一种叫作叶绿素的奇妙分子，答案也许会是肯定的。25 亿~30 亿年前，经演变生成的叶绿素大大改变了进化的过程。它提供了一种从阳光中获得能量，并转变成可存储的化学能量，或养料的方法。因此，生命体不再依赖通过厌氧过程聚集起来但不断减少的营养素。它们只需在太阳下就能获得养料。生命体从基本原材料中获得自身的养料叫自养。利用日光完成上述工作被称为光合作用。光合作用还向大气中释放自由氧。对岩石的化学分析表明我们的大气层在 20 亿年前就有氧气存在。

自由氧出现后不久就逐渐形成有氧生命。细胞利用氧气从营养素中获得的能量为没有氧气时的近 20 倍。养料持续时间延长，进化出较复杂的有机物。简单的原核细胞有机化，形成第一个有自己的膜包核子的真核细胞。这种变化大约在14亿年前出现。不久，真核细胞开始聚集成多细胞有机物。最古老的多细胞动物化石在大约10亿年前出现。现在，所有的动物和生物由真核细胞组成。

在氧气进入大气层之后，生命开始进入陆地。如果没有自由氧，实际上不可能演变出陆地上的生命。原因在于：生命在海洋中通过化学合成进化，这是一个艰难的过程。刚刚形成的有机物分子结构复杂且脆弱。强烈的太阳光，特别是紫外线，袭击地球，有机物分子刚形成时很容易被毁掉。在这种条件下即使最简单的细胞都没有机会进化。但是，如果这些分子形成后沉入水中，可能仅仅在水面下几英寸或一英尺，基本上也能躲避射线，化学合成可以进行得很顺利。然而，陆地上的生命不断受到紫外线的伤害。

我们来看看氧气。紫外线和闪电放电将上层大气层中的氧气转变成臭氧。

臭氧的独特能力是吸收紫外线。因此，随着臭氧保护层的建立（现在仍然存在，但环境学家认为它正在逐步消失），生命有可能迁移到陆地上（事实上已迁移到陆地上），经过数十亿年的进化而成为蛞蝓、臭虫、青蛙、蛇、鸟、蕨类、花、黄瓜和人类。没有臭氧保护层，绝对不可能有这些进化。

你知道吗

光合作用

光合作用即光能合成作用，是植物、藻类和某些细菌，在可见光的照射下，经过光反应和碳反应，利用光合色素，将二氧化碳（或硫化氢）和水转化为有机物，并释放出氧气（或氢气）的生化过程。光合作用是一系列复杂的代谢反应的总和，是生物界赖以生存的基础，也是地球碳氧循环的重要媒介。

就目前我们所知，在太阳系的其他地方不存在生命。对火星和月球泥土所做的直接检验表明那儿没有生命存在。金星上的温度过高。水星上的温度要么过高，要么过低，辐射也太多。在木星、土星、天王星和海王星等大行星中没有合适的物质，表面温度也太低。冥王星是一片冰冻的荒地。在60多个卫星中，也许只有几颗卫星上存在一些简单的微生物，但这一点尚无法确定。生命的进化需要合适的物质、能量和温度，这是让人极为珍惜的条件。生命日益复杂和多样化，要求客观条件在关键方面发生改变，从而异养型生物才能变成自养型生物，厌氧微生物才能进化成需氧微生物，水生动物才能离开海洋走上陆地。智能生命才能逐步形成，再去考虑自身的起源。

知识小链接

微生物

微生物是包括细菌、病毒、真菌以及一些小型的原生动物、显微藻类等在内的一大类生物群体。它个体微小，却与人类生活关系密切。它涵盖了有益有害的众多种类，广泛涉及健康、食品、医药、工农业、环保等诸多领域。

19 世纪英国伟大的博物学家达尔文建立了无可争议的完整体系，第一次科学系统地揭示了生物界发展的规律。到了 1859 年达尔文的《物种起源》出版后，生物普遍进化的思想以及物竞天择、适者生存的进化机制已成为学术界、思想界的公论。由此，达尔文的生物进化论被称为 19 世纪自然科学的三大发现之一。

查理·罗伯特·达尔文，1809 年 2 月生于英国希罗普郡。幼年时代，他并没有表现出什么特别的天赋。只是到了青年时代，迷恋大自然的天性才给他带来了创造奇迹的机遇。1831 年 12 月，达尔文搭乘英国海军的海洋考察船“贝格尔号”环航世界，探索贸易路线，开始了改变他一生命运的事业之旅。达尔文在“贝格尔号”上生活了将近 15 年，实地考察了南美洲与太平洋群岛的海洋和岛屿。每航行到一个地方，他都广泛收集地质学、动物学、地理学、胚胎学等各方面的证据，并坚持采集各种岩石、植物和动物的标本，同时还记下了许多珍贵的笔记。1836 年回到英国后，他已成为一个经验和知识都很丰富的博物学家。

在这次环球考察后，达尔文经过深入思考得出了一个重要的结论：某个物种只要条件比其他物种优越，哪怕是略见优越，也会有很好的机会生存下来并且繁殖后代。这就是著名的自然选择理论，它是达尔文生物进化论的主要组成部分之一，而适者生存正是自然选择理论的精髓。达尔文曾对马德拉岛的昆虫进行研究。马德拉岛位于大西洋，经常遭到风暴的猛烈侵袭。他发现在该岛居住的几百种甲虫中，有两百种甲虫的翅膀弱到了不能飞翔的程度。这是为什么呢？原来经过无数次的风暴洗礼，善飞的昆虫都被风暴吹到了海里，而翅膀发育很弱的昆虫类型得以存留。正是由于它们的存留，才产生了现在马德拉岛上的甲虫群。这是适者生存的一个经典案例。

甲 虫

后来，在举世闻名的《物种起源》中，达尔文提出了一个又一个令人震惊的论断：生命只有一个祖先，因为生命都起源于一个原始细胞的开端；生物是从简单到复杂、从低级到高级逐步发展而来的；生物在进化中不断地进行着生存斗争，进行着自然选择；人类的悠久家史并不比动物高贵多少，人类也起源于某些原始细胞，经过逐渐进化，变成了鱼、两栖动物、哺乳动物，再经过进化才变成了类人猿和今天的人类。达尔文的《物种起源》成了生物学史上的经典著作。如今，《物种起源》所提及的许多观点已成为人尽皆知的常识。

细 胞

我们知道，生命的基本单位是细胞。所有的生命形式，基本上都是以细胞为基础的。生命要延续，不管是有性生殖，还是无性生殖，归根结底，都是小小的细胞在不停地“吃喝拉撒”，在不停地复制自己。

一个小小的细胞，从出生、成长发育、繁殖、分裂，使得育种和杂交成为可能，成千上万个细胞构成的生物组织“军团”，使得栽培和嫁接成为可能。归根结底，还是因为细胞本身就包含了生命的全部复制功能。那么，细胞是如何发现的？它的神秘之处又是什么呢？

◎细胞的发现

生命开始于细胞，所有的生命活动只有在细胞结构中才能实现。细胞的发现也经历了一个漫长的过程。

17世纪，英国显微学家罗伯特·胡克使用自制的显微镜，观察到软木薄片上有许多像蜂窝一样的小格子，并将其命名为细胞，即小室的意思。但由于他还没有用高度的理论思维来估计这一伟大发现在生物学和世界观上的革命意义，因此，细胞的发现在当时并没有引起人们应有的重视。

直到19世纪30年代，第一台改良的显微镜出现了，才陆续有几个科学家不断发现细胞里的内涵物：细胞壁、细胞质和细胞核等。

> 广角镜
>
> **嫁　接**
>
> 嫁接，植物的人工营养繁殖方法之一。即把一种植物的枝或芽，嫁接到另一种植物的茎或根上，使接在一起的两个部分长成一个完整的植株。嫁接时应当使接穗与砧木的形成层紧密结合，以确保接穗成活。接上去的枝或芽，叫作接穗，被接的植物体，叫作砧木或台木。接穗时一般选用具2～4个芽的苗，嫁接后成为植物体的上部或顶部；砧木嫁接后成为植物体的根系部分。

1838年，德国科学家、德国耶拿大学植物学教授施莱登总结上述发现指出，所有的植物体都是由细胞组成的。施莱登原来学的是法律，但后来在柏林研究植物学。他提出，植物是由细胞组成的，细胞壁是细胞的主要成分，一株植株是一个整体，是一个细胞集团。施莱登认为，细胞是一个独立自主的单位，并且因此而有两重生命：一重生命是它自己的，这是首要的；另一重生命是属于整个组织结构的部分，这是次要的。两重生命过程都是“形成力量”的表现，这种力量构成了有机的细胞，并组织这些细胞成为合成的活的生物。施莱登还提出一个新细胞起源于一个老细胞的核，最初形成老细胞球体的一个裂片，然后分离出来，自成一个完整的细胞。

1839 年，另一个德国动物学家施旺在动物中证实了施莱登的论点，他发现蝌蚪的脊索、鸡的胚层以及猪的胚胎组织都是由细胞所构成的。施旺是德国卢万大学的解剖学教授，他把细胞学说扩展到动物界。他以这样一句话概述了这个学说的内容：“有机体的基本部分不管怎样不同，总有一个普遍的发育原则，这个原则便是细胞的形成。”施旺认为，一切动物的受精卵是单个细胞，不管这些细胞是大如鸡蛋或者小如哺乳类的卵，都是一样。因此，一切有机体都以单一细胞开始生命，并以其他细胞的形成而发育着。施旺和施莱登一样，也提出动物受精卵中的新细胞在老细胞之内发育，他主张在动物发育的后期，从细胞中形成新的细胞。

施旺在他的细胞学说的基础上提出了动物细胞的分类。他指出：“第一种组织是独立和分离的细胞，例如血液细胞；第二种组织是独立而紧挨在一起的细胞，如皮肤细胞；第三种组织是骨和牙的细胞，具有发育得很好的连接在一起的坚固的壁；第四种是被拉长纤维的细胞，如韧带和膘；第五种是神经和肌肉那样的细胞，这里面的细胞壁和腔都已经连接起来了。”施莱登关于植物细胞的见解和施旺关于动物细胞的见解，都发表于 1839 年，它们共同构成了细胞学说的基础。这个学说简明地声明了，一切生命物质，从最简单的单细胞生物体到非常复杂的高等植物和动物，都是由细胞组成的，并且每个细胞，不但能够独立地起作用，而且也作为整个生物体的总体部分行使功能。

细胞学说表明了所有的生物都是统一的，都有着共同的特征和共同的起源。细胞理论的确立，打破了人们长期以来那种僵死的传统看法，即认为植物界和动物界是两个完全不同的、互不联系的、互相独立的生物世界。细胞理论证明，细胞是动植物共同的基本单位，动植物之间是相通的，两者有着共同的起源，而不是互相绝对隔绝的。细胞理论同显微技术的结合，才真正地把近代生物学发展到了细胞水平。恩格斯曾把细胞学说誉为 19 世纪自然科学的三大发现之一。

知识小链接

韧 带

韧带的作用与闭壳肌正好相反，闭壳肌是使两壳关闭，而韧带是使两壳张开。当闭壳肌收缩时，外韧带伸张，内韧带收到压缩，两壳就关闭。当闭壳肌松弛时，外韧带紧缩，使两壳张开，仅具内韧带的种类则以其压缩弹力将壳张开。

不过，施莱登和施旺都没有正确地提出新细胞是如何从老细胞中分化出来，即新细胞如何形成的问题。这一点由植物学家冯·莫尔耐格里以及动物学家克里克尔等人补充，他们指出，在生长期间细胞自身进行复制，一个母细胞产生两个子细胞。这个过程称之为细胞分裂。

细胞是怎样分裂的？它的发现得益于生物试验手段的发展。19 世纪科学技术的发展不断地推动着细胞学的发展，一些科学家改善了显微镜的光透系统，使它的分辨率和放大倍数大大提高了。这时化学家也加入到细胞学研究的队伍，采用无机染料用于显微镜观察样品的制作，而且还研制出来了天然的和人工合成的有机染色剂，如苯胺染色剂就是当时发明的。同时，显微镜样品的切片已经能制作得很薄了。所有这些技术都为细胞学的研究开拓了许多新的领域。

1831 年，曾经发现过物理学上分子运动的科学家布朗发现，细胞里有一个较为致密的小球，约为细胞体积的九分之一，布朗给它起名为细胞核。

以后大部分细胞学的研究学者都致力于细胞核结构的研究。如：

1879 年，德国生物学家弗莱明发现，用某些红染料对细胞核内散布着的微粒状特殊物质即染色体进行观察，能成功地看到细胞分裂变化的过程，即细胞“有丝分裂”的过程。

1888 年，德国解剖学家沃尔德耶从染色细胞中观察到，每种植物的细胞里都有特定数目的染色体，在细胞通过有丝分裂为两半之前，染色体的数目先增加 1 倍，使分裂之后的子细胞里染色体的数目和原来的母细胞一样多。

1885 年，比利时胚胎学家贝内登发现，当卵细胞和精子细胞形成时，染色体数目并不加倍，每个卵细胞和每个精子细胞的染色体数目只有机体一般细胞的一半。因此，形成精子细胞和卵细胞的分裂被称为“减数分裂”。当精子和卵子结合后，结合的受精卵就有一整套染色体，半数来自卵细胞，半数来自精子细胞。这一发现，把遗传学引入了细胞水平，进而又把生物学进一步引入到分子水平。

以上细胞学的重大研究和发现差不多都在二三十年中完成的。几十年，在历史上几乎是一眨眼的工夫，可以说在当时一刹那间，细胞核和染色体就成了细胞学和遗传学的“明星”了。人们对细胞核和染色体的重视并不仅是因为它比较大，容易观察，而且还由于它在细胞繁殖和遗传问题上的作用太迷人了。

从1883年起，班尼登、拉伯尔等许多学者都发现细胞核里的染色体在所有的生物中都非常稳定，它有异乎寻常的完整性和连续性。尽管在不同的生物中染色体数目是不同的，但是同一种生物里的染色体数目在各种组织细胞里则完全是一样的。例如白菜的所有个体的染色体数都是20个，果蝇的则是8个，这些都是相当恒定的数据。他们还惊奇地发现，无论在细胞分裂（有丝分裂和减数分裂）过程中细胞发生了多么巨大的变化，子代细胞的染色体数总是与亲代的一样。

你知道吗

有丝分裂

有丝分裂，又称为间接分裂，特点是有纺锤体染色体出现，子染色体被平均分配到子细胞，这种分裂方式普遍见于高等动植物（动物和高等植物）。是真核细胞分裂产生体细胞的过程。

许多细胞学家还发现，虽然卵子和精子在形态上迥然不同，大小悬殊，但是它们的细胞核却大致相等。受精的过程实质上是两个相等的核的融合。

于是，细胞学家自然而然地推想遗传物质基础主要存在于细胞核的染色体里。

◎ 细胞的结构

生命开始于细胞，生命活动只有在细胞结构中才能实现。17 世纪 60 年代，胡克发现了孕育生命的细胞，19 世纪 30 年代，施旺和施莱登创立了伟大的细胞学说，他们把生命的奥秘和生命的本身浓缩到了一个微观境界，实现了生命科学的第一次统一。生命宝盒的开启，使人们认识到小小的细胞如同人类社会一样，是一个奇妙的大千世界，是由细胞膜包裹着的生物大分子体系的精细结构。

细胞结构——精细的分子体系

从整体上看，细胞分原核细胞和真核细胞两大类。从原生动物到人类，从低等植物到高等植物，绝大多数动植物都是由真核细胞构成的。真核细胞里具有真正的细胞核。细菌、蓝藻属于原核细胞，它们的结构简单，种类不一。原核细胞的外部由细胞膜包围着，内部脱氧核糖核酸（DNA）的区域没有被膜包围，只有一条 DNA。这就是说，它没有一个像样的细胞核，原核细胞因此而得名。

在先进的高倍显微镜下，可以清晰地观察到真核细胞的内部结构。植物细胞图细胞的外面有细胞壁，细胞与细胞之间有一层胶状物，把两个细胞壁紧紧地黏合在一起；在相邻两个细胞之间的壁上有胞间连丝，使细胞之间彼此互通；细胞内有细胞质和细胞核，细胞质内有线粒体、质体、内质网、高尔基体和液泡等内含物，还有丝状和管状结构，类似细胞的肌肉和骨架；细胞核外有核膜，使核与细胞质分开，核内有染色质和核仁；细胞的表面由一层质膜包裹，控制着细胞内外物质的运输。

基本小知识

质 体

质体是植物细胞中由双层膜包围的具有光合作用和贮藏功能的细胞器。根据所含色素和功能的不同，质体可分为白色体、叶绿体和色质体。

细胞表面的那层质膜叫作细胞膜，又称质膜。细胞膜是一个有序的、动态的、开放的、具有选择性和渗透性的结构，它不仅是生命结构与非生命结构的边界，也是细胞内许多独立结构的边界。在显微镜下，细胞膜的结构变化多端，有的向内折叠成手指状，有的向外，凹陷形成月牙状。植物细胞的细胞膜外还有细胞壁，其主要成分是纤维素，具有支持和保护植物细胞的功能。

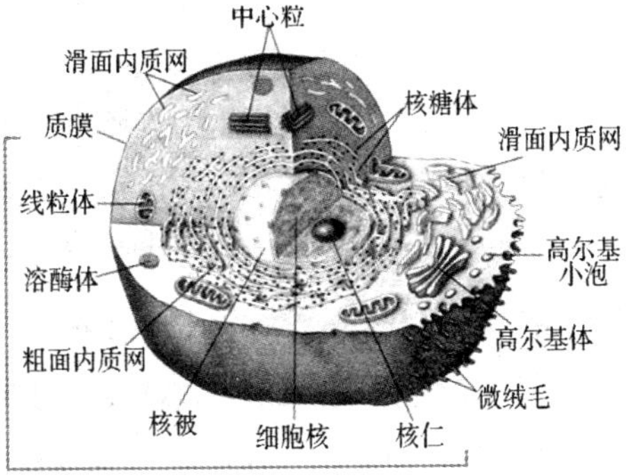

细胞核

细胞的中枢是细胞核，它是遗传信息储存、复制和转录的场所。细胞核包括核膜、染色质和核仁等部分。核膜是包在核外的双层膜，外膜可延伸与细胞质中的内质网相连。一些蛋白质和 RNA 分子可通过核膜或核膜上的核孔进入或输出细胞核。染色质是细胞核中由 DNA 和蛋白质组成并可被苏木精等染料染色的物质，染色质 DNA 含有大量的基因片段，是生命的遗传物质，因此细胞核是细胞的控制中心。核仁是细胞核中的颗粒状结构，富含核糖体 RNA、核糖体 DNA 和核糖核蛋白 RNA。核仁是核糖体的装配场所。在细胞核中，染色质和核仁都被液态的核质所包围。

拓展阅读

染色质

染色质是用以描述核中染色后强烈着色的物质。现在认为染色质是细胞间期细胞核内能被碱性染料染色的物质。染色质的基本化学成分为脱氧核糖核酸核蛋白，它是由 DNA、组蛋白、非组蛋白和少量 RNA 组成的复合物。

细胞质是细胞膜内的透明黏稠并可流动的物质，各种各样的细胞器就分布在细胞质中。细胞器主要包括线粒体、内质网、高尔基体、溶酶体、质体等，其中线粒体和质体是较大的细胞器。另外，细胞质中还有由微管、肌动蛋白和中间丝构成的细胞骨架。有些细胞表面还有鞭毛和纤毛，可帮助细胞自主运动。这些细胞器相互关联，相互补充，协同作用，共同执行生命功能。

线粒体是一种由内膜和外膜包裹的囊状结构，囊内是液态的基质。线粒体外膜平整，内膜向内折入形成一些嵴，增加了内膜的表面积。内膜面上有许多带核的小颗粒，它们是 ATP（三磷酸腺苷）酶复合体。线粒体是细胞呼吸和能量代谢中心，有能量代谢工厂之称，细胞呼吸中的电子传递过程及 ATP（三磷酸腺苷）的合成就发生线粒体内膜的表面。此外，线粒体基质中还含有 DNA 分子和核糖体。细胞内线粒体的数量、大小和嵴的多少都随细胞的能量需求而有所变化，一个细胞内可以存在零到几十万个线粒体。

知识小链接

线粒体

线粒体由两层膜包被，外膜平滑，内膜向内折叠形成嵴，两层膜之间有腔，线粒体中央是基质。基质内含有与三羧酸循环所需的全部酶类，内膜上具有呼吸链酶系及 ATP 酶复合体。线粒体能为细胞的生命活动提供场所，是细胞内氧化磷酸化和形成 ATP 的主要场所。另外，线粒体有自身的 DNA 和遗传体系，但线粒体基因组的基因数量有限，因此，线粒体只是一种半自主性的细胞器。

内质网是以脂类双分子层为基础形成的囊腔和管道系统，有光面内质网和糙面内质网之分，它与高尔基体有合成、包装和运输物质的功能。光面内质网多是呈网状分布的小管，在一定部位与粗面内质网相连接，参与脂类、磷脂胆固醇、糖原的合成与分解；糙面内质网膜常分布于细胞核周围，呈同心圆状排列，上附有颗粒状的核糖体（核糖体是细胞合成蛋白质的场所），并参与蛋白质的合成与运输。

高尔基体是由一些聚集的扁平囊、大泡和小泡三种结构组成的，位于细胞核附近，它是 1898 年意大利医生高尔基在神经细胞内发现的。高尔基体是细胞分泌物的加工和包装场所，加工、浓缩和运输蛋白质，并能合成糖类物质。在高尔基体中，糖能够和蛋白质结合形成各种糖蛋白。另外，高尔基体还与植物分裂时的新细胞壁和细胞膜的形成有关。

溶酶体是一种单层膜小泡，内含多种水解酶。溶酶体可催化各种生物大分子，如蛋白质、核酸、脂类、多糖等，消化细胞碎渣和从外界吞入的颗粒，其特性酶是酸性磷酸酶。溶酶体是因为高尔基体扁平囊的边缘膨大而断裂脱落下来的泡状结构产生的。

质体是植物细胞的细胞器，包括白色体、叶绿体和色质体。白色体含有淀粉、油类或蛋白质，有色体含有各种色素。叶绿体是最重要的有色体，是植物光合作用的细胞器。叶绿体也有两层膜，内部是一些扁平囊组成的膜系统，这些扁平的囊称为内囊体，它们有规则地摞叠在一起形成基粒，植物光合作用的色素和电子传递系统位于内囊体的膜上，基粒之间通过基质内囊体彼此相连通。叶绿体也含有环状的 DNA 和核糖体。

各类细胞器的膜（如内质网膜、内囊体膜等）、核膜和质膜在分子结构上基本相同，它们统称为生物膜。大多数生物膜的厚度只有 7～8 纳米，主要是由磷脂类组成的双分子层，脂双层中还以各种方式镶嵌着具有重要功能的蛋白质分子，如受体。脂双层中的磷脂分子亲水的“头”（磷酸的一端）向着外侧，磷脂分子疏水的“尾”（脂肪酸的一端）向着内侧。根据脂双层中脂类分子和蛋白质分子可以横向移动的发现，生物学家辛格在 1972 年提出了生物膜的流动镶嵌模型。

趣味点击　糖蛋白

糖蛋白是分支的寡糖链与多肽链共价相连所构成的复合糖，主链较短，在大多数情况下，糖的含量小于蛋白质。同时，糖蛋白还是一种结合蛋白质，糖蛋白是由短的寡糖链与蛋白质共价相连构成的分子。

生物膜是支持细胞正常生命活动的最基本的结构，它是各个细胞器组成生命活动的统一体。内质网是合成膜的主要部位，大多数磷脂和胆固醇都是在此合成，许多膜蛋白也在这里合成。它们通过内质网表面时，将内质网膜包裹在自己身上，然后像乘车旅行那样，到达高尔基体，并成了高尔基体的一部分。在高尔基体内，蛋白质进行再加工后，或到溶酶体内或被运输到质膜与其他结构中。这样，通过膜的流动（又称膜流）就实现了物质的运输更新，膜也随之不断得到再生和流转。

生命起源于细胞，在漫长的生命演化过程中，为适应不同需要出现了各种各样的细胞。如传导冲动的神经细胞、自律跳动的心肌细胞、携带氧气的红细胞、提供能量的肌肉细胞、吞噬病菌的白细胞，等等。细胞直径一般为 10 ~ 30 微米，但体积大的细胞，人的肉眼就可以看见，如鸟类的蛋最大的直径达 10 厘米，章鱼的神经细胞有几米长；最小的细胞直径不到 1 微米，如支原体只有 0.1 ~ 0.3 微米，原始细菌也要用高倍显微镜才能看清楚。细胞的大小，即使在同一生命体的相同组织中也不一样。同一个细胞在不同发育阶段，它的大小也会改变。

广角镜

白细胞

白细胞旧称白血球。血液中的一类细胞。白细胞也通常被称为免疫细胞。人体和动物血液及组织中的无色细胞。有细胞核，能做变形运动。白细胞一般有活跃的移动能力，它们可以从血管内迁移到血管外，或从血管外组织迁移到血管内。因此，白细胞除存在于血液和淋巴中外，也广泛存在于血管、淋巴管以外的组织中。

细胞的形状多种多样，有球体、多面体、纺锤体和柱状体等。由于细胞内在的结构和自身表面张力以及外部的机械压力，各种细胞总是保持自己的一定形状。细胞的形状和功能之间有密切关系。例如，神经细胞会伸展几米，这是因为伸长的神经细胞有利于传导外界的刺激信息；高大的树木之所以能郁郁葱葱，是因为植物内的导管、筛管细胞是管状的，有利于水分和营养的运输。

◎ 细胞的化学成分

细胞中的化学成分是极其复杂和繁多的，需要利用现代生物化学知识和技术进行分析研究。而正是这些复杂繁多的化学成分，构成了生命存在和新陈代谢的物质基础。生物化学是以研究生命的物质基础和阐明生命的物质代谢为主要目的的科学，直接涉及生命的本质问题。

早在19世纪下半叶，伟大的革命导师恩格斯就在生命的定义中指出："生命是蛋白体的存在方式，这个存在方式的基本因素在于和它周围的外部自然界的不断地新陈代谢，而且这种新陈代谢一停止，生命就随之停止，结果便是蛋白质的分解。"恩格斯的生命定义在一定程度上揭示了生命的物质基础，即具有新陈代谢功能的蛋白体。

进入20世纪，人类对生命的认识迅速发展。1953年遗传物质DNA双螺旋结构的发现，开创了从分子水平研究生命活动的新纪元。此后，遗传信息由DNA通过RNA传向蛋白质中心法则的确立、遗传密码的相继破译、蛋白质的人工合成等一系列重大研究成果表明，核酸（DNA与RNA）和蛋白质是生命的最基本物质，蛋白质是一切生命活动调节控制的主要承担者，生命活动在酶的催化作用下进行，几乎所有酶的化学本质是蛋白质。从而揭示了核酸、蛋白质、酶等生命大分子的结构、功能和相互关系，为研究生命现象的本质和活动规律奠定了理论基础。

基本小知识

蛋白质

蛋白质是生命的物质基础，没有蛋白质就没有生命。因此，它是与生命及与各种形式的生命活动紧密联系在一起的物质。机体中的每一个细胞和所有重要组成部分都有蛋白质参与。人体内蛋白质的种类很多，性质、功能各异，但都是由20种氨基酸按不同比例组合而成的，并在体内不断进行代谢与更新。

核酸——生命的本源物质

核酸是细胞的核心物质，是细胞里最重要的生命大分子之一。核酸呈酸性，最初是从细胞核中发现的，所以称为核酸。地球上几乎所有生命体中都含有核酸，它是支配生命从诞生到死亡的根源物质，主宰着细胞的新陈代谢，储存着生命的全部遗传信息。因此，核酸被现代科学家誉为生命之本。根据核酸中所含戊糖的不同，可将核酸分成脱氧核糖核酸（DNA）和核糖核酸（RNA）两类，它们都是由许多顺序排列的核苷酸组成的大分子。每一个核苷酸含有一个戊糖（核糖或脱氧核糖）分子、一个磷酸分子和一个含氮的有机碱（碱基）。这些有机碱分为两类：一类是嘌呤，是双环分子；一类是嘧啶，是单环分子。嘌呤包括腺嘌呤（A）和鸟嘌呤（G）两种；嘧啶有胸腺嘧啶（T）、胞嘧啶（C）和尿嘧啶（U）3 种。DNA 的碱基是 A、T、C、G，RNA 的碱基是 A、U、G、C。脱氧核糖或核糖上第一位碳原子与嘌呤或嘧啶结合，就成为脱氧核苷或核苷，第五位碳原子再与磷酸结合，就成为脱氧核糖核苷酸或核糖核苷酸。多个核糖核苷酸以磷酸二酯键相连成长链的多核苷酸分子，就成了核酸的基本结构。

根据 DNA 晶体 X 射线衍射的结果分析，沃森和克里克划时代地提出了 DNA 双螺旋结构模型。DNA 分子是由两条反向平行的多核苷酸长链组成的双螺旋链，链的主体是糖基和磷酸基，以磷酸二酯键相连接而成，与糖基以糖苷键相连的嘌呤、嘧啶碱基位于螺旋中间，碱基平面与螺旋轴相垂直，两条链的对应碱基之间，呈 A 与 T、G 与 C 配对关系。DNA 螺旋的直径是 2.0 纳米，螺距为 3.4 纳米，每个螺距中包含 10 个碱基对，相邻两个碱基对平面之间的垂直距离为 0.34 纳米。

知识小链接

碱 基

碱基指嘌呤和嘧啶的衍生物，是核酸、核苷、核苷酸的成分。核酸中也有一些含量很少的稀有碱基。稀有碱基的结构多种多样，多半是主要碱基的甲基衍生物。

在双螺旋结构的基础上，DNA 大分子进一步折叠盘旋，可以形成染色质和染色体。在真核细胞中，每一个染色体就含有一个 DNA 双链分子，细胞核中有几对染色体就有几对双链 DNA 分子。通过 DNA 分子复制，可以将遗传信息准确地由上代传递至下代。在某些病毒中，DNA 也可以是单链的结构，但在质粒中 DNA 是环状的。

DNA 双螺旋结构中，A 与 T 配对碱基之间形成 2 个氢键，G 与 C 配对碱基之间形成 3 个氢键，因此，DNA 分子非常稳定。但在加热等物理、化学条件下，稳定的核酸大分子高级结构的非共价键也会被破坏，导致 DNA 双螺旋被拆开，成为 2 条单链，这就是核酸分子的变性。在变性因素除去后，DNA 分子可以慢慢恢复双螺旋结构，称为复性，在复性过程中碱基仍然会严格配对。

与 DNA 分子显著不同的是，RNA 分子是单链存在的。细胞内的 RNA 大分子主要有 3 种类型：①信使 RNA（mRNA），负责把 DNA 分子中的遗传信息转译为蛋白质分子中的氨基酸序列；②转运 RNA（tRNA），在蛋白质合成过程中起着搬运单个氨基酸的作用；③核糖体 RNA（rRNA），它与蛋白质组成核糖体以提供蛋白质的合成场所。三种 RNA 互相配合，共同完成把 DNA 分子中的遗传信息表达为一定的蛋白质结构。

RNA 通常只有一条多核苷酸链，但单链的局部区域可能形成配对结构，如 tRNA 分子中出现三个主要的配对区段，形成三叶草形结构。tRNA 分子还能再进一步扭转折叠，形成一个类似倒写的大写“L”字母的样子。除某些 RNA 病毒是以 RNA 为模板合成 RNA 外，生命体内的 RNA 一般都是以 DNA 为模板合成的。科学研究表明，有些 RNA 还有像酶一样的催化作用。

一直以来，人们都认为 DNA 是演绎生命的重要角色，而 RNA 只是前者的配角，作用不那么大。然而事实并非如此，近年的众多发现都表明，一些长度较短的所谓小核糖核酸，能够对细胞和基因的很多行为进行控制，比如打开、关闭多种基因，删除掉一些不需要的 DNA 片段等。其中最令

催化作用

在催化剂参与下的化学反应。在催化反应中，催化剂与反应物发生化学作用，改变了反应途径，从而降低了反应的活化能，这是催化剂得以提高反应速率的原因。

人兴奋的发现是，小核糖核酸在细胞分裂过程中也能发挥重要控制作用，可指导染色体中的物质形成正确的结构。这些发现有望为科学家提供操作干细胞的新工具，以及用于探索治疗癌症等由于基因组错误所致疾病的新方法。

在人们发现核酸以前，曾认为蛋白质是生命的基础。后来才知道，核酸是生命的本源营养素，控制着蛋白质的合成，决定着蛋白质的性质。DNA 是蛋白质合成的设计师，RNA 是蛋白质合成的制造者，就像盖房子一样，DNA 是房子的设计师，RNA 是房子的建筑师。我国著名生物遗传学家谈家桢院士指出："更本质的生命物质是核酸，而不是蛋白质。"100 多年来，全世界已有 69 位科学家因从事核酸及其相关研究而荣获诺贝尔奖，他们的研究成果更加充分地表明，核酸是创造生命并支配生命体从诞生到死亡的本源物质。

蛋白质——生命功能的执行者

蛋白质在生物界是普遍存在的，是生命体的重要结构成分和营养成分。所有生命现象都与蛋白质有着直接或间接的关系，即使像病毒、类病毒那样以核酸为主体的生物，也必在其寄生的活细胞蛋白的作用下才有生命现象。可以说，正是在蛋白质和核酸两者的互相依赖、互相作用下，使生命成为一个统一体。

蛋白质是一类种类繁多的含氮生物高分子，其基本组成单位是氨基酸。构成人体蛋白质的氨基酸只有 20 种，其中有 8 种是人体内无法合成的，需要从食物中摄取。蛋白质可以分为两大类：①简单蛋白质，它们的分子是由氨基酸组成，如胰岛素等。②结合蛋白质，它们的分子由氨基酸和部分非蛋白质部分组成，结构相当复杂，如血红蛋白、核蛋白等。

> **趣味点击　胰岛素**
>
> 胰岛素是由胰岛 β 细胞受内源性或外源性物质如葡萄糖、乳糖、核糖、精氨酸、胰高血糖素等的刺激而分泌的一种蛋白质激素。胰岛素是机体内唯一降低血糖的激素，同时促进糖原、脂肪、蛋白质合成。外源性胰岛素主要用来糖尿病治疗，胰岛素注射不会有成瘾性和依赖性。

作为组成蛋白质的基本单

位，氨基酸的共同特点在于，在与羧基相连的碳原子上都有一个氨基，另一个 R 基。不同氨基酸其 R 基各不相同。一个氨基酸的 a 氨基与另一个氨基酸的 a 羧基脱水缩合，形成肽键并生成二肽化合物。不同数目的氨基酸以肽键顺序相连形成多肽链，多肽链形成蛋白质分子。组成蛋白质的 20 种氨基酸在肽链中的不同排列顺序，产生了不同的蛋白质分子。在生物界，蛋白质的种类是一个天文数字。由于不同生命体细胞内存在着不同的蛋白质，所以生命体能显示出不同的性状。

蛋白质分子具有复杂的结构，一级结构就是指上面所说的多肽链的氨基酸顺序；二级结构是指多肽链主链借助氢键排列成沿一定方向的周期性结构，如 a 螺旋、B 折叠等；三级结构是指蛋白质分子或亚基内所有原子的空间排列；2 条以上肽链组成的蛋白质，在每条肽链的三维结构基础上，互相结合形成的复杂的空间结构及各亚基间的相互作用，就是四级结构。每一种天然蛋白质都有自己特有的空间结构，这种空间结构通常称为蛋白质的构象。蛋白质活性与蛋白质结构密切相关。蛋白质空间结构的改变会使其失去活性，但当其恢复天然构象后，活性也会随之恢复。

作为生命功能最忠实的执行者，蛋白质在生命体的生命活动中，起着举足轻重的作用。蛋白质是有机体的结构成分，生物的遗传性状都与蛋白质有关。各种生物化学反应中起催化作用的酶主要是蛋白质（RNA 也有催化作用），它们参与基因表达和代谢的调节以及各种生物化学反应。胰岛素、胸腺激素等重要激素也是蛋白质。细胞中的电子传递、神经传递乃至高等的学习、记忆等多种生命活动过程都离不开蛋白质。另外，贮藏氨基酸、运输氧气、进行免疫反应等也是蛋白质的生命功能。

酶——生命活动的催化剂

酶是生命体内重要的催化活性物质，在细胞内扮演各式各样化学反应（如合成、分解、氧化、还原等）的催化剂。随着研究的深入，人们已相继弄清了溶菌酶、羧肽酶等一些重要酶类的结构与作用机理，同时对酶在代谢中的地位、酶的种类、酶的特性等问题也进行了大量工作。

绝大多数的酶是蛋白质，有的由一条肽链构成，有的由多条肽链构成。酶的活性与它的空间结构有关，在冷、热、酸、碱、重金属等影响下，会因构象改变而失活——失去了蛋白质的活性。但也有些酶能够在0℃或100℃的环境中工作，有的耐酸，有的耐碱，这都与它们的内部结构相关。

生命活动在代谢中体现，而几乎所有的代谢过程都涉及到酶的催化作用。一旦某些酶失活，便会导致体内某些活动的停滞，轻则会引起生命体某些功能上的失调，重则会有生命危险。不论任何复杂的反应，酶都可以在生命体所处的常温、常压及近乎中性的环境下产生作用。而且酶的参与不会改变反应的性质，反应结束时其本身也不被消耗。

酶作为生命体内的一种特殊的催化剂，还具有自己的很多特性：①酶的催化效率较高，可使化学反应的速度提高10^{10}倍；②具有高度专一性，即一种酶只能作用于某一种或某一类特定物质；③容易变性失活，酶促反应一般都要求比较温和的反应条件；④可以调节控制酶活力；⑤酶的催化活力与辅酶、辅基、金属离子有关，若将它们去掉，酶就失去活性。

脂肪酸也是生命体的重要能源，由其组成的甘油三酯大量贮藏在动物的脂肪组织和植物的种子或果实中。脂肪被氧化后放出的能量相当高，因此在生命体中它成为贮藏能量的重要形式。脂类代谢的中间产物可以转变成维生素A、维生素E、维生素K及植物次生物质，如橡胶、桉树油等。人类的一些疾病如动脉粥样硬化、脂肪肝等都与脂类代谢紊乱有关。

知识小链接

脂肪酸

脂肪酸是指一端含有一个羧基的长的脂肪族碳氢链，是有机物，低级的脂肪酸是无色液体，有刺激性气味，高级的脂肪酸是蜡状固体，无可明显嗅到的气味。脂肪酸是最简单的一种脂，它是许多更复杂的脂的组成成分。脂肪酸在有充足氧供给的情况下，可氧化分解为CO_2和H_2O，释放大量能量，因此脂肪酸是机体主要能量来源之一。

生命体是一个开放的体系，它不断地与外界进行物质与能量的交换，不断地在体内进行物质与能量的代谢，生命体内的任何一种物质都是在新陈代谢中生成和分解的。这些代谢活动是由复杂的多分子体系来完成的，而这些体系本身也在不停地进行运动和更新。代谢就是指发生在生命体内全部的化学物质和能量的转化过程。

生命体是一个能量平衡体系，它从环境中取得物质和能量，用以构建自身的结构，维持生命活动，同时不断地分解更新已有的成分，加以再利用，并将不被利用的代谢产物排出体外。生命的初级能量主要来自光合作用，植物的光合作用可以说是生命存在和繁荣的基础。糖类、脂类、蛋白质、核酸都在代谢中不断更新，互相转化，最后转变成为非生命的物质。在物质代谢之中，物质在转化，能量在流转，信息在传递，生命因而能绵延不息。

◎ 细胞的分裂

细胞分裂是生物进行繁殖的基础。生物的繁殖从本质上看也就是细胞的繁殖。地球上一切生物，不管是从变形虫到人，还是从单胞藻到参天大树，细胞的繁殖都是通过分裂来实现的。这种分裂采取一分为二、二分为四、四分为八的方式进行。在繁殖过程中，细胞数目按几何级数增加：2，4，8，16，32…也就是说构成了2^1，2^2，2^3，2^4…2^n这样的数列。

一个细胞要实现它的分裂，必须准备出两套主要成分，然后才能分成两个具有相同成分的细胞。细胞及其主要内含物的均等分裂，是保证生物世代之间遗传上相似性的必不可少的条件。在无性繁殖情况下，子代细胞直接来自母体细胞，故与母体细胞完全相似，无性繁殖的生物能很好地保持母体的遗传特性，道理也就在这里。假如子代细胞的主要内含物只是亲代的一半或一部分，那么子代和亲代就不会完全相似而只是部分地相似了，在有性繁殖时就会出现这样的情况。比如，苹果树一般是用枝条或芽子嫁接繁殖的，这些枝条或芽子是母体的一部分，它们的细胞继续分裂和分化，长成新的苹果树，结的果实无论是大小、形状、颜色、味道都和母树上苹果果实一样，但是如果你要用种子来繁殖，就会得到迥然不同的结果，用青香蕉苹果的种子长出来的绝不会是原来的青香蕉苹果，而可能有青、有红、有大、有小、有香甜、有酸涩等多种类型，也就是说可能出现各种变异和“分离”。

下面我们分别讨论体细胞的分裂和性细胞的分裂两种情况。

等数分裂

生物中普遍存在的细胞分裂方式是“有丝分裂”，因在分裂过程中有纺锤丝形成而得名。有丝分裂的结果，一个母细胞形成两个子细胞，从染色体数目来看，两个子细胞所含的染色体数目完全相等，子细胞的染色体数目与母细胞染色体的数目也完全相等，所以有丝分裂也叫作“等数分裂”。体细胞的分裂都是等数分裂。比如人体细胞染色体在分裂前期是46条，到末期分裂结束时两个子细胞的染色体也都是46条。一个人由婴儿长成大人，一棵植物由幼苗长成更大的植株，主要就是靠细胞的等数分裂和增长来实现的。

等数分裂大致由两个过程组成，即细胞核的分裂和细胞质的分裂。

核分裂：在核分裂过程中主要是染色体发生一系列的周期性变化，最后被分配到核的两极。细胞周期分为分裂间期和分裂期，分裂期由前期、中期、后期、末期组成。

间期——也叫“休止期”，就是细胞连续两次分裂之间的一段时间。这个时候细胞核处于靠“均质”状态，看不到染色体，只能见到细的网状的染色丝。但在这段时间内细胞核并未“休息”，它在为下一次分裂养精蓄锐，进行充分的准备工作。一般认为遗传物质DNA就是在这段时间合成（复制）的。核分裂间期较长，有些细胞长达10多个小时，而分裂期总共只有2小时左右。

前期——这时网状的染色丝逐渐变成可见的线状染色体。它们在核内虽然随机分布，但每个染色体都具有成双的性质，说明在间期染色体已经加倍了。以后每个染色体形成两个“子染色体”，但并不分开，着丝点仍然连接在一起。此期内染色体由于子染色体的螺旋化，原来又细又长的形状变得又粗又短，并开始离心移动，同时核仁逐渐消失，核膜也随后崩解。

中期——中期特征是染色体随机排列在赤道板上。所谓细胞的赤道板，就是相当于地球赤道面的位置。这时能够清楚地分辨出染色体的形态和数目。中期的另一特征是纺锤体完全形成，纺锤丝的一端连接在染色体的着丝点上，另一端集中于细胞的两极。

后期——由于纺锤丝的收缩，染色体的着丝点分离，姊妹染色单体（也就是两个子染色体）分别被拉向两极。

末期——子染色体到达两极后，又由粗变细，螺旋逐渐消失，并失去明显的个体性而呈现网状结构。这时核膜重新形成，核仁出现，由原来的一个细胞核形成两个细胞核。

细胞质分裂在核分裂的末期，细胞开始对称的分裂和分开，这个过程称为细胞质的分裂。此时两个子细胞之间形成细胞隔板。细胞质的分裂最终导致两个子细胞的形成。

广角镜

纺锤体

纺锤体是产生于细胞分裂前初期到末期的一个特殊细胞器。其主要元件包括微管，附着微管的动力分子马达，以及一系列复杂的超分子结构。一般来讲，在动物细胞中，中心体也是纺锤体的一部分。植物细胞的纺锤体不含中心体。而真菌细胞的纺锤体含纺锤极体，一般被视为中心体的同源细胞器。

减数分裂

生物在生长发育的绝大部分时间都是在进行体细胞的分裂和生长，细胞的分裂导致数目的增多，细胞的生长导致体积的增大。这就是我们在外表上所看到的生物的生长发育现象。但生物体生长发育到一定阶段，生物的某些细胞要发生质变，分化为性细胞，并进一步分化为精子和卵子。

与产生体细胞的等数分裂比较起来，产生性细胞的减数分裂要复杂得多。因为性细胞比形成它们的性母细胞染色体数减少了一半，所以叫减数分裂。比如，人的性母细胞染色体是 46 条（与体细胞一样），而性细胞（精子和卵子）的染色体却只有 23 条，刚好是性母细胞的一半。玉米体细胞的染色体为

20 条，雄配子和雌配子的染色体都只有 10 条。减数分裂在动植物通过生长发育达到“生儿育女”阶段时才会出现。它是“性成熟”后的产物，所以也叫“成熟分裂”。

不论是动植物，还是人类，体细胞的染色体数在正常情况下永远是双数，绝不成单存在。常染色体大小和形状上完全相似、成双成对的染色体叫作“同源染色体”或“相对染色体”。两个同源染色体一个来自父方，一个来自母方。

正常的减数分裂过程可分为两个分裂阶段，而每一个阶段又可划分为四个时期：

- 分裂期
  - 第一次分裂
    - 前期Ⅰ　细线期、偶线期、粗线期、双线期、终变期
    - 中期Ⅰ　四分体（同源染色体）排列在赤道板两侧
    - 后期Ⅰ　同源染色体彼此分开，向两极移动
    - 末期Ⅰ　缢裂成两个子细胞，染色体减少一半
  - 第二次分裂
    - 前期Ⅱ
    - 中期Ⅱ
    - 后期Ⅱ
    - 末期Ⅱ

    同有丝分裂

细线期——性母细胞最后一次有丝分裂末期结束后，便进入减数分裂第一次分裂前期的细线期。这期间染色线很细，交织成网状。以后染色体逐渐明显起来，染色体的数目与体细胞染色体的数目是相同的。在电子显微镜下可以看到染色体由成双的染色线构成。

偶线期——此期的特点是两个同源染色体相互吸引，纵向靠近，先从顶端开始，逐渐扩展到整个染色体，这种现象称为“联会”或“配对”。配对具有惊人的准确性。同源染色体之间点对点、染色粒对染色粒进行配对，除非发生染色体畸变，一般毫不错乱。这种奇特的现象在等数分裂中是看不到

的，等数分裂的这一时期，同源染色体不发生联会。

基本小知识

减数分裂

减数分裂是生物细胞中染色体数目减半的分裂方式。性细胞分裂时，染色体只复制一次，细胞连续分裂两次，染色体数目减半的一种特殊分裂方式。减数分裂不仅是保证物种染色体数目稳定的机制，而且也是物种适应环境变化不断进化的机制。

粗线期——染色体进一步变粗。每对同源染色体共有 4 条染色线，这时由于变粗的结果成为 4 个染色单体，但着丝点只有两个，习惯上把它们叫“四分体”或“二价体”。此期的一个重要特点是非姊妹染色单体间会发生节段的“交换”。

双线期——同源染色体两个成员之间互相排斥，彼此遂渐分离，但由于发生交换的地方还连在一起，因此常常出现靠“交叉”现象。染色体发生交换和交叉，表明同源染色体之间发生了遗传物质的交换，是后代产生变异的根源之一。

终变期——染色体进一步变短增粗，轮廓更为分明。由于染色体的强烈收缩，交叉向染色体臂的端部移开称为端化。这时也是计算染色体数目最适宜的时期。随着染色体浓缩过程的进行，核仁与核膜先后消失，染色体排列到赤道板上，前期 I 结束，进入细胞分裂中期。

中期 I——此时出现纺锤体，所有二价体都排列在赤道板上。细胞核体积达到最大值。每对同源染色体的着丝点分别向着相对的一极。

后期 I——每对同源染色体的两个成员分离且分别向两极移动。每个染色体的两个染色单体仍然由共同的着丝点连在一起。由于同源染色体的分开，使得后来形成的子细胞中染色体数目减少了一半，而且每对同源染色体中的任何一个成员分到两极的机会是一样的。了解这一点非常重要，这是我们后面要讲的孟德尔独立分配（自由组合）定律的细胞学基础。

末期Ⅰ——核膜形成，同源染色体的两个成员分别进入两个核中，这时形成的两个子核几染色体的数目只有分裂前的一半。

间期——这个间期很短，与等数分裂不同。染色体也不消失，很快就进入第二次分裂。

前期Ⅱ——与前期Ⅰ大不相同，子核中的两个染色单体虽然着丝点连在一起，但是单体之间发生明显的排斥。

中期Ⅱ——每个子核中的染色体排列在赤道板上，其数目只有性母细胞（体细胞）的一半，纺锤体逐渐形成。

后期Ⅱ——着丝点分开，两个姊妹染色单体彼此分开移向两极。

末期Ⅱ——染色单体成为染色体，到两极后被新的核膜包围。第一次分裂形成的2个子核现在变为4个。减数分裂全过程至此结束。

由上可见，减数分裂实际上是由两次分裂构成的。在这个过程中细胞核连续分裂两次，而染色体只减数一次。第一次分裂时染色体是减数的，第二次分裂时是等数的。两次分裂中间的间隔时间很短，分裂的结果是一个性母细胞变成了4个子细胞，4个子细胞中染色体数是母细胞的一半。此外，减数分裂过程中还包含了同源染色体的物质交换和分离。

性母细胞减数分裂形成的4个单倍性子细胞叫作“四分孢子帮”，这些孢子以后形成配子——雄配子或雌配子。

减数分裂在遗传上对有性繁殖的生物非常重要。首先，减数分裂的结果产生的子细胞（性细胞）染色体具有单倍性。雌雄性细胞结合为受精卵之后其染色体数又由单倍性变为二倍性，这样子代和亲代仍然具有相同的染色体数，这就保证了世代之间染色体数目的恒定性，而这种恒定性正是保证物种相对稳定的重要原因。如果性细胞的染色体不减半，那么通过雌雄性细胞结合的受精作用而产生的后代，其细胞的染色体数就会随着世代的繁衍而无限制地增加下去，那么，若干年后一个细胞就会大得不可想象了，其后果就会不堪设想，幸而有“减数分裂”来把关，才避免了这种“灾难”。

其次，在减数分裂过程中同源染色体的非姊妹染色单体间可以发生染色体节段的交换，染色体节段的交换必然导致遗传物质的交换；同源染色体的两个成员在后期 I 分向两极是随机的，这样就会出现染色体的各种组合情况，使得新产生的子细胞在染色体组成方面出现各种差异。遗传物质的调换和染色体的自由组合最终导致了后代个体丰富多彩的变异，是自然界物种变异的重要原因。

从上面的介绍中，不难看到，不论是等数分裂或是减数分裂，都与细胞核中染色体的行为分不开。事实上也正是这样。染色体的消长变化、悲欢离合，直接关系到生物的遗传变异，染色体不愧是遗传学中的主角。

染色体

早在 1883 年，鲁克斯就观察到细胞核内能被染色的丝状体。1888 年，德国人沃尔德耶称这种丝状体为“染色体”，意即可染色的小体，并猜测染色体与遗传有关。1902 年，鲍维里和瑟顿不约而同地提出了生命遗传的染色体假说。

鲍维里对海胆进行的实验胚胎学研究很有说服力。他的实验是这样做的：用许多精子加在海胆卵子上，由此引起双重受精，即有两个精子进入了一个卵子。这样，这个受精卵就含有 3 个单倍体的染色体。于是，出现了多级的有丝分裂，由此，可以形成 3 个或 4 个子细胞。如果用缺钙的海水来处理这些分裂细胞，它们都会分开。然后再把它们分别培养，结果发现它们或者死亡，或者在发育一个时期后，由于畸形而死亡，只有少数或个别的子细胞能进行正常的发育。鲍维里对这些死亡的、畸形发育或正常发育的个体进行细胞检查，结果表明，所有能够正常发育的子细胞都含有全套染色体，不含全套染色体的子细胞都会死亡或发育不全。这说明什么呢？这说明细胞中的各种染色体各有个性，缺一不可。要使生物的个体发育的遗传性状健全地表现出来，全套染色体组的存在是先决条件。

1902 年，当时还是美国哥伦比亚大学的学生瑟顿，在观察蝗虫染色体减数分裂的行为时，清楚地意识到控制生物性状的基因的分离和自由组合与染色体在减数分裂的分离和自由组合是如影相随，完全一致的。因此，他大胆地认为：基因就在染色体上。

为什么这么说呢？这是因为，这两者的变化在细胞中是平行的：

（1）基因在个体的体细胞中是成对的，一个来自父本，一个来自母本，染色体也是这样；

（2）基因在配子里是不成对的，而是单个存在的，染色体也是这样；

（3）基因能够产生跟自己相似的基因，有遗传性，它在杂交时能保持独立性和完整性；

（4）染色体能复制出姊妹染色体，他们在配子形成和受精时都保持独立性和完整性；

（5）基因在形成配子时自由组合，染色体也是这样；

减数分裂时，来自父亲和来自母亲的同源染色体是随机地趋向两级，所以配子可能包含母本和父本染色体的任何组合状态。

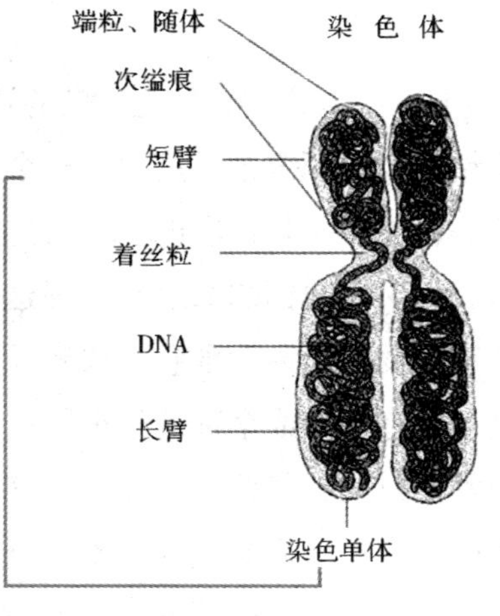

染色体结构图

当然，瑟顿所做到的仅仅是假设，而证实这一假设的是伟大的遗传学家摩尔根。摩尔根通过伴性遗传试验，证实了瑟顿的假说。

动物、植物和微生物中，包括人在内，他们的身体细胞中都有相当数目的染色体，一般有几对、几十对不等。较少者一对，如单价马蛔虫，多者可有几百对。

所谓染色质，实际上是染色体以DNA——蛋白质的纤丝存在于间期核内。到了细胞分化期，染色质就会不断螺旋化，成为在显微镜下可见的染色体。对真核类染色体的成分进行化学分析后知道，其中DNA占30%左右，蛋白质占60%～70%，还有少量RNA。

现在已经知道，染色体最小的单位是核小体，核小体由DNA和组蛋白构成，是染色质（染色体）的基本结构单位。由四种组蛋白，H_2A、H_2B、H_3、H_4 各 2 个分子，共 8 个分子组成一个直径为 10 纳米的圆珠，DNA 在圆珠外围绕，还有组蛋白 H_1 存在于圆珠附近的 DNA 链上，这样一组结构称为核小体。

由于 DNA 链是连续的，必须使许许多多的核小体成串，形成一条以 DNA 为骨架的染色体细丝。这样的细丝要经过 4 次螺旋化，最后成为显微镜下可见的染色单体。

一个典型的染色体从外形看，包括长臂、短臂、着丝粒等部分，有的还有次级缢痕和随体，中间相连的地方是初级痕，也就是着丝粒。次级缢痕，一般就好似核仁形成区。

染色体的形态以分裂中期时最为典型。每条染色体由两条染色单体组成，中间狭窄处称为着丝点，又称主缢痕，它将染色体分为短臂和长臂。按着丝粒位置的不同，人类染色体可分为中间着丝粒染色体、近中着丝粒染色体、近端着丝粒染色体、顶端着丝粒染色体四种类型。近端着丝粒染色体的短臂末端有一个叫作随体的结构，它呈圆球形，位于染色体次缢痕末端。有的染色体臂上还可看到另一些较小的狭窄区，称为次缢痕。染色体臂的末端存在着一种叫作端粒的结构，它有保持染色体完整性的功能。

知识小链接

端　粒

端粒是线状染色体末端的一种特殊结构，在正常人体细胞中，可随着细胞分裂而逐渐缩短。把端粒当作一件绒线衫袖口脱落的线段，绒线衫像是结构严密的 DNA，排在线上的 DNA 决定人体性状。它们决定人头发的直与曲，眼睛的蓝与黑，人的高与矮等等，甚至性格的暴躁和温和。

染色体的超微结构显示染色体是由直径仅 100 埃（1 埃 $= 10^{-10}$ 米）的 DNA 组蛋白高度螺旋化的纤维所组成。每一条染色单体可看作一条双螺旋的 DNA 分子。有丝分裂间期时，DNA 解螺旋而形成无限伸展的细丝，此时不易为染料所着色，光镜下呈无定形物质，称之为染色质。有丝分裂时 DNA 高度螺旋化而呈现特定的形态，此时易为碱性染料着色，称之为染色体。

1970 年后陆续问世的各种显带技术对染色体的识别做出了很大贡献。中期染色体经过 DNA 变性、胰酶消化或荧光染色等处理，可出现沿纵轴排列的明暗相间的带纹。按照染色体上特征性的标志可将每一个臂从内到外分为若干区，每个区又可分为若干条带，每条带又再分为若干个亚带。由于每条染色体带纹的数目和宽度是相对恒定的，根据带型的不同可识别每条染色体及其片段。

20 世纪 80 年代以来根据 DNA 双链互补的原理，应用已知序列的 DNA 探针进行荧光原位杂交可以识别整条染色体、染色体的 1 个臂、1 条带甚至一个基因，因而大大提高了染色体识别的准确性和敏感性。染色体是遗传物质——基因的载体，控制人类形态、生理和生化等特征的结构基因呈直线排列在染色体上。由此可见，染色体和基因二者密切相关，染色体的任何改变必然导致基因的异常。

> **趣味点击　DNA 变性**
>
> DNA 双螺旋结构模型，不仅与其生物功能有密切关系，还能解释 DNA 的重要特性——变性与复性，这对于深入了解 DNA 分子结构与功能的关系又有重要意义。

各种生物都有一定的染色体数目。高等动植物染色体的数目，一般是指体细胞内的染色体数目。用 $2n$ 表示同样的染色体有两套。

实际上，一般的染色体，称常染色体，有两套，但和性别有关的染色体，即性染色体，在不同性别的细胞中是有点不同的。例如：人类女性除 22 对常染色体外，还有 1 对和性别有关的 X 染色体。而男人的染色体在体细胞中是 1 个 X 染色体和 1 个 Y 染色体。

哺乳类的其他动物，两栖类如青蛙，昆虫的双翅目如果蝇、直翅目等的染色体情况和人类相似。鸟类、昆虫的鳞翅目（如蚕、蝶等）正相反，雌性是异配性别，雄性则是同配性别。

性染色体决定雌、雄的类型，主要有四种：XY 型、XO 型、ZW 型和 ZO 型。

绝大部分的哺乳动物，包括人在内，都是 XY 型，还有果蝇也是 XY 型。这种类型，2 个 X 染色体为雌性，1 个 X 染色体和 1 个 Y 染色体为雄性。

XO 型，是 XX 为雌，一个 X 染色体为雄。

ZW 型，正和 XY 型相反，即雌为 XY，雄为 XX。为了避免混淆成为 ZW 型，即雄性为 2 个 Z 染色体，雌为 1 个 Z 染色体和 1 个 W 染色体。ZO 型正好和 XO 型相反。

人的染色体类型属 XY 型，女人为 XX，男人为 XY。女人产的卵只有一种，即每个卵都含一个 X 染色体，而男人产的精子则有两种，一种含 X，一种含 Y。精子与卵受精结合，是发育成男，还是女，完全取决于是哪种精子与卵受精，如果是含 X 染色体的精子与卵结合，则发育为女，如果是含 Y 的染色体与卵结合，则发育为男性。所以子女的性别是男是女，决定者在父方的精子，而不在女方。因此，有些男人埋怨他的妻子生女孩不生男孩，这是很不公平的。

DNA

在遗传中，真正的遗传信息是包含在 DNA 中的。所以，科学家们用一句话概括了 DNA 的重要性：DNA 是生物的遗传物质。之所以“龙生龙，凤生凤，老鼠的儿子会打洞”，都是由于各种生物的 DNA 所包含的信息各不相同。

因此，我们一道走进神秘的 DNA 王国，一起去了解 DNA 的奥秘。

DNA 是什么？虽然早在 1869 年科学家就发现了 DNA，但 DNA 的组成、结构及其生物功能，长达 70 多年竟然无人知晓。

DNA 的发现本身也是一个偶然事件。1869 年，一个年轻的瑞士研究生米歇尔在做博士论文，他要测定淋巴细胞蛋白质的组成。蛋白质在当时只有 30

年的发现史，并被认为是细胞中最重要的物质。米歇尔为了获得更多的实验材料，便到附近的诊所去搜集废弃的伤员的绷带，想由此而洗出脓液来，其中含有很多的淋巴细胞。米歇尔用各种不同浓度的盐溶液来处理细胞，希望能使细胞壁破裂而细胞核仍能保持完整。当他用弱碱溶液破碎细胞时，突然发现一种奇怪的沉淀产生了。这种沉淀物各方面的特性都与蛋白质不同，例如它既不溶解于水、醋酸，也不溶解于稀盐酸和食盐溶液。米歇尔意识到这一定是一种未知的物质，那么这种物质是在细胞质里还是在细胞核里呢？为了搞清这个问题，他用弱碱溶液单独处理纯化的细胞核。并在显微镜下检查处理过程，终于证实这种物质存在于细胞核里。米歇尔将这种物质定名为“核质”。

从1879年开始，米歇尔的师弟考塞尔经过10多年的研究搞清了酵母等细胞的“核质”的4种组成部分——碱基，如腺嘌呤（简写为A）、鸟嘌呤（G）、胸腺嘧啶（T）、胞嘧啶（C）等。核酸组成成分的另一个碱基尿嘧啶（U）的发现和鉴定则是20世纪初的事了。

1889年，科学家阿尔特曼建议将“核质”定名为核酸，当时人们已经认识到所谓的“核质”实际上是核酸和蛋白质的混合物。

1909年，科学家利文发现酵母的核酸含有核糖。那么是否所有的核酸都会有核糖呢？为了解答这个问题，利文又继续研究了20年之久。1910年，他发现了动物细胞的核酸含有一种特殊的核糖——脱氧核糖。于是人们认为核糖是植物细胞

拓展阅读

淋巴细胞

淋巴细胞是白细胞的一种。由淋巴器官产生，机体免疫应答功能的重要细胞成分。淋巴器官根据其发生和功能的差异，可分为中枢淋巴器官和周围淋巴器官。前者包括胸腺、腔上囊或其相当器官。它们无须抗原刺激即可不断增殖淋巴细胞，成熟后将其转送至周围淋巴器官。后者包括脾、淋巴结等。成熟淋巴细胞需依赖抗原刺激而分化增殖，继而发挥其免疫功能。

所具有，脱氧核糖是动物细胞所具有的，因此，这就是植物和动物核酸的区别了。

直到1938年，人们才纠正了这一错误的看法。人们认识到酵母中对酸比较稳定的核酸是核糖核酸（简作RNA），在胸腺细胞中抽提纯化出来的对酸不稳定的核酸是脱氧核糖核酸（DNA）；所有的动植物的细胞中都含有上述两大类核酸。过去之所以能观察到酵母和胸腺细胞核酸的显著区别，是由于它们恰恰分别含RNA和DNA特别多的原因。以后人们还认识到RNA和DNA不单在核糖上有上述区别，而且在碱基组成上也有区别，RNA含尿嘧啶，DNA含胸腺嘧啶，这都是两者所特有的性质。

至此，人们艰苦地工作了70年才获得这样非常有限的认识。核酸化学研究如此落后的现状已经严重地拖住了遗传学研究的后腿。

遗传学家其实早就怀疑DNA具有遗传物质的功能。1924年，生物学家弗尔根发明了细胞核中染色体的染色方法，发现大多数动植物细胞几乎所有的核里，尤其是染色体上都有DNA存在。以后又证明了DNA是染色体的主要组成部分。当时基因已经被证明在染色体上，并且获得了遗传学界比较广泛的承认。这些都是非常有力的证据。

1948年，生物学家万德尔、米尔斯基和赖斯等相继发现，在同一种生物体的不同组织的细胞里，每个单体染色体组的DNA的含量是个常量，并且发现DNA有倍数变化。例如，他们查明在黄牛的肝细胞里DNA的含量是6.5×10^{-9}毫克，而它的精子细胞里的DNA含量只有3.4×10^{-9}毫克，恰好是体细胞的DNA含量的一半，这同染色体在细胞里的存在形式是完全一致的。

这无疑是DNA作为遗传物质的重要证据。

随着细胞学染色技术的发展和核酸酶的运用，人类弄清了两种核酸在细胞

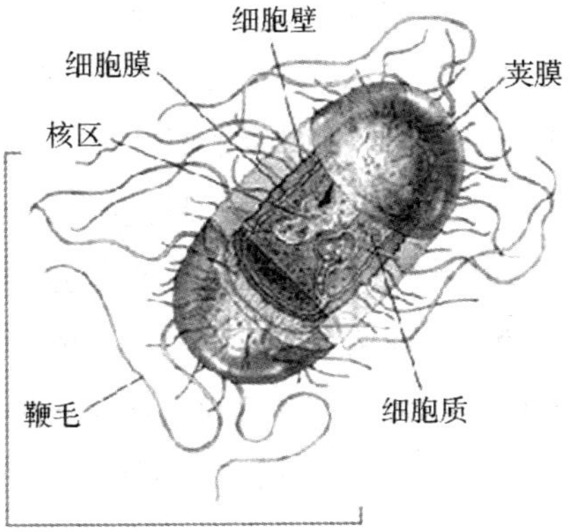

肺炎双球菌荚膜

中的分布。瑞典细胞化学家卡斯佩尔森用脱氧核糖核酸酶分解 DNA 的方法，证明 DNA 只存在于细胞核中，RNA 主要分布在细胞质里，但核仁里也有 RNA。1948 年，又有人发现染色体中有少量 RNA，细胞质中也有 DNA。20 世纪 40 年代把染色体从生物细胞中分离出来，直接分析其化学成分，确定 DNA 是构成染色体的重要物质。还发现同种生物的不同细胞中 DNA 的质和量是恒定的，并且在性细胞中，DNA 的含量正好是体细胞中含量的一半。用紫外线进行引变处理，在波长 2600 埃处效果最大，因为这个波长正是 DNA 的吸收峰。这些都成为 DNA 是遗传物质的间接证据。

你知道吗

核　仁

核仁内部核仁是真核细胞间期核中最明显的结构。它位于细胞核中。

证实 DNA 是遗传物质的试验整整进行了 16 年，并经过几位科学家的不断重复和验证。这是遗传学史上最长的一个“马拉松”试验。1928 年，英国的科学家格里菲思做了转化实验。格里菲思采用的试验材料是肺炎双球菌，这是一种引起人类肺炎的病菌，它也可以使小家鼠发病。如果把感染了肺炎双球菌的病人的痰注射到小家鼠体内，24 小时内家鼠就会死亡。用显微镜检查死鼠的心脏，可以观察到大量的肺炎双球菌。这种病原菌体呈成对球状。仔细看，它外面包裹着一层很厚的透明的“衣服”，这叫荚膜，细菌就靠这层荚膜抵挡被感染动物的细胞对它的抵抗，所以这些荚膜几乎成为肺炎双球菌毒性的象征了。

当人工培养肺炎双球菌时，它能在培养基上形成菌落（即克隆）。由于菌落周围比较光滑，因而人们把这种类型的菌叫作光滑型，记为 S 型。培养 S 型肺炎双球菌可以得到一种新的无毒性突变型 R 型肺炎双球菌，它之所以无毒就是因为它没有荚膜，从而这种 R 型肺炎双球菌不能抵抗生物体细胞对它的抵抗。所以将这种 R 型肺炎双球菌注射到小家鼠身体中，按道理小家鼠应该健康无恙。

可是格里菲思突然发现了例外情况：他将一个正常的能致病的 S 型肺炎

双球菌的样品加热杀死，然后与一个不致病的 R 型肺炎双球菌样品混合，注射至小家鼠体内。结果他惊奇地发现小家鼠死了。他把这些莫名其妙死亡的家鼠的心脏中所存在的细菌加以分离和检查，发现它们竟然都是 S 型肺炎双球菌。怎么 S 型肺炎双球菌"死而复活"了？而在此之前，格里菲思用 R 型肺炎双球菌样品和加热处理的 S 型肺炎双球菌样品分别注射的两组小家鼠都没有死，这说明加热处理的 S 型肺炎双球菌确确实实已经被杀死了。

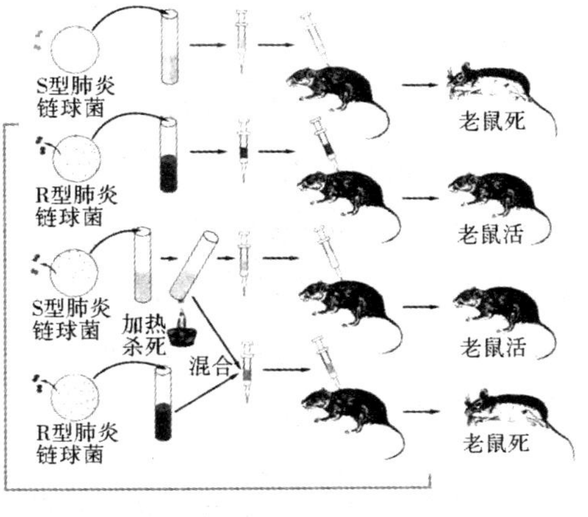

肺炎双球菌感染实验

格里菲思一遍又一遍地重复上述试验，结果却是家鼠一批一批地死亡。最后，他只能下结论：家鼠之所以成批地"死亡"，实验中的 S 型细菌之所以会"死里逃生"，是由于加热杀死的 S 型肺炎双球菌使那些无毒的活着的 R 型肺炎双球菌转化为 S 型肺炎双球菌了。

这说明了一个什么问题呢？这说明在被加热杀死的 S 型肺炎双球菌中存在一种物质，这种物质很明显是一种遗传物质，它可以将 R 型的无毒的肺炎双球菌转化为有毒的 S 型肺炎双球菌。而这个实验的结果太出乎人们意料了，所以成为遗传学家们注意的焦点。于是，许多生物学家前赴后继，继续重复格里菲思的试验。

1931 年后，人们证实，造成小家鼠死亡确实是由于 S 型肺炎双球菌"死而复活"，因为只要把活的 R 型肺炎双球菌及加热杀死的 S 型肺炎双球菌混合，放在三角瓶里振荡培养，无毒的 R 型肺炎双球菌也可以变成有毒的 S 型肺炎双球菌。又过了两年，生物学家又证实：把 S 型肺炎双球菌的细胞弄破，由此而获得的提取液加到生长着的 R 型肺炎双球菌里，也能产生这种 R—S 的转化作用。

1944 年，艾弗里等 3 位科学家阐明了转化因子的化学本质。

从格里菲思的试验中我们知道，在被加热杀死的 S 型肺炎双球菌中一定有一种物质使 R 型肺炎双球菌转化为 S 型肺炎双球菌，所以艾弗里认为，问题的关键是要把这种物质找出来，于是他们就对被加热杀死的 S 型肺炎双球菌的提取液的所有成分进行了彻底清查。他们用一系列化学和酶催化的方法把各种蛋白质、类脂和多糖从提取液中除去，发现这并不会十分严重地降低 S 型肺炎双球菌和它的转化能力。这样一来，对转化因子的包围圈就大大缩小了。最后在对提取液进行一系列纯化后，3 人得出结论：转化因子是脱氧核糖核酸（DNA）。

知识小链接

类脂

类脂主要是指在结构或性质上与油脂相似的天然化合物。它们在动植物界中分布较广，种类也较多，主要包括蜡、磷脂、萜类和甾族化合物等。可溶于脂溶剂中，表示其有和脂肪相似的性质。作为一种物质名称，而使用定义比较正确的脂质、复合脂质等。类脂即复合酯类。与单纯酯类，衍生脂质统称为广义酯类。是指除含脂肪酸和醇外，尚有其他称为非脂分子的成分。

艾弗里是怎样得出这个结论的呢？这是因为：①只要把 S 型肺炎双球菌提取液的纯化的 DNA，用只有致死剂量的六亿分之一的剂量加到 R 型肺炎双球菌的培养物中，就能有产生 R—S 转化的能力。②这种“超效”转化因子对专门水解 DNA 的酶非常敏感，一碰上这种酶其转化功能就立即丧失殆尽。③R 型肺炎双球菌被转化成 S 型肺炎双球菌后，按照 S 型肺炎双球菌一样的方法抽提它的 DNA，仍然具有使 R—S 的再次转化的能力。④不论是初次转化或是再次转化所产生的 S 型肺炎双球菌，它所具有的荚膜与 S 型肺炎双球菌的荚膜相比，两者的生物化学特性完全一样。

这个结论对于生物学来说，具有什么重大的意义呢？三人得到了如下结论：S 型肺炎双球菌 DNA 使 R 型肺炎双球菌永久地具有了产生荚膜的特性，并且这些 DNA 还能在 R 型肺炎双球菌中复制，成为再次转化的根源，也就是说，只有 DNA 才是遗传信息的载体。

艾弗里等人的实验结果取得了 DNA 是遗传物质基础的第一个和最重要的一个证据，在遗传学史上具有重大的历史意义。

最后证实 DNA 是遗传物质的试验是噬菌体感染试验。噬菌体是细菌的“瘟神”，是细菌的天敌和死亡之神。噬菌体不单危害细菌，也危害动物、植物和人类，这时人们统称它们为病毒。植物病毒最有名的是烟草花叶病毒，感染人类的病毒有感冒病毒、乙型肝炎病毒等。噬菌体（病毒）是地球上最简单、最原始的生命形式。它的结构很简单，只具有 DNA 和一个蛋白质外壳，而且 DNA 与蛋白质的比例差不多是 1∶1。所以用噬菌体来研究它的基因的结构和功能的关系既方便又简单。遗传学家采用噬菌体作为试验材料，还由于噬菌体生长非常快，20～30 分钟就一代，在一个玻璃培养皿内培养的厚厚的一层细菌，噬菌体可以在 4～5 个小时内就叫它“全军覆没”。

20 世纪 30 年代初，德国出生的美国科学家施莱辛格就确定噬菌体也是一种核蛋白质。稍晚，美国微生物学家埃利斯在加州理工学院用大肠杆菌噬菌体进行了许多实验，这时对遗传学问题抱有特殊兴趣的德国物理学家德尔布吕克抱着用新的途径寻找基因的愿望，从德国到美国加利福尼亚工作。当他了解了埃利斯的研究之后，感到噬菌体是研究基因复制的最有希望的材料，它比高等生物的基因理想得多，比动物和植物性病毒更为适宜。埃利斯和德尔布吕克进行合作，研究了细菌病毒的生活史，弄清了噬菌体繁殖周期的三个阶段——吸附细菌期、潜伏期和溶菌期（即细菌细胞裂解期），同时证明裂解了的噬菌体从细菌细胞中释放出来。1942 年，意大利血统的美国微生物学家卢里亚和美国微生物学家安德森用电子显微镜揭示出噬菌体颗粒头

拓展阅读

病　毒

病毒是由一个核酸分子（DNA 或 RNA）与蛋白质构成的非细胞形态的营寄生生活的生命体。

部和尾部的详细结构。1946 年，德尔布吕克和贝利又用两个近缘噬菌体的突变体去感染细菌，在噬菌体后代中获得重组体（杂种），这样就产生了噬菌体遗传学。

噬菌体侵入细菌的过程如图所示。

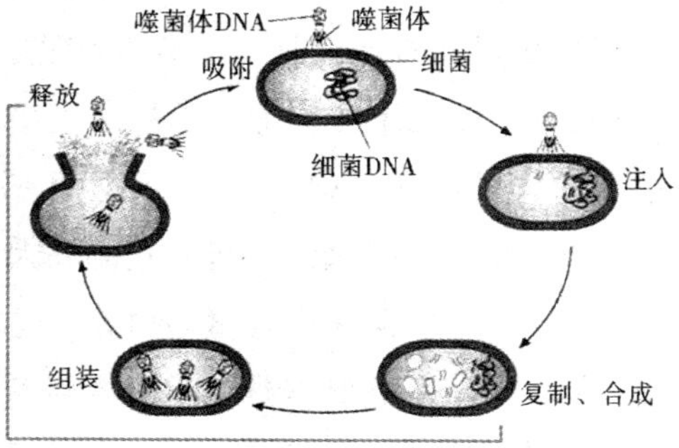

噬菌体侵入细菌图

1952 年，生物学家赫尔希和蔡斯进行了有名的噬菌体感染实验。由于 DNA 含有化学元素磷（P），而噬菌体的外壳主要是蛋白质，不含有磷（P），而含有硫（S）、氮（N）、碳（C）和氧（O）等，其中硫（S）是蛋白质独有的，而 DNA 没有硫（S）。赫尔希和蔡斯就是根据这个原理来设计噬菌体感染试验，其试验过程是这样的：

第一步，将噬菌体的 DNA 中的普通的磷（P）换上一个同位素磷－32（^{32}P），它的外壳蛋白质则用另一个同位素硫－35（^{35}S）加以标记。这样，将噬菌体的 DNA 和外壳蛋白质用放射性同位素加以标记，就很容易追踪 DNA 和外壳蛋白质的来龙去脉了。

第二步，将做了同位素标记的噬菌体的培养液和细菌的培养液混合起来，这样，噬菌体就开始侵入细菌了。

第三步，过一段时间以后，将噬菌体和细菌的混合培养液进行低速离心，从而可以区分开噬菌体和细菌，再将低速离心分开的噬菌体部分和细菌部分进行培养和同位素检查。

试验结果是怎样的呢？结果是用磷－32（^{32}P）标记的噬菌体 DNA 基本上都已进入了细菌体内，并进行繁殖，而用硫－35（^{35}S）标记的噬菌体的外壳蛋白质几乎都留在了细菌外面。这说明，噬菌体是通过 DNA 进行遗传的，是噬菌体 DNA 主导着噬菌体的生命的繁衍，DNA 确实是遗传物质。

到 20 世纪 50 年代初期，虽然人们对 DNA 的化学结构和遗传功能有了相当丰富的知识，但是对它的空间结构却知之甚少。因此，对于DNA怎样实现它的遗传功能，从空间结构上来说明还有困难。为了彻底解开生命遗传之谜，这个问题必须尽快得到解决。

1953年4月25日是生物学历史上最辉煌的一天。这天，年仅25岁的美国生物学家沃森与同在剑桥大学的合作伙伴英国物理学家克里克，一起在英国《自然》杂志上发表了一篇仅两页的论文，提出了DNA的双螺旋结构和自我复制机制。这篇论文被普遍视作分子生物学时代的开端。从此，人们开始步入真正的DNA双螺旋世界。

DNA双螺旋结构模型的建立，不仅标志着分子生物学和分子遗传学的诞生，而且成为整个生物学史上的一座里程碑。它是20世纪生物学上最伟大的发现，足可以与达尔文的进化论相媲美。正如美国人波林所言："相信DNA双螺旋的这个发现以及这个发现将要取得的进展，必将成为100多年来生命科学以及所有我们对生命认识的最大进步。"

半个世纪后，英国科学界在伦敦举行盛大聚会，庆祝生命遗传物质脱氧核糖核酸DNA的双螺旋结构发现50周年。这次庆祝会由英国皇家学会、英国医学研究委员会和《自然》杂志共同举办。DNA双螺旋结构的提出者之一、仍然活跃在生命科学研究前沿的沃森出席聚会并发表讲话。他在讲话中说，知识和教育是人类进步的基础；人类有追求幸福的权利，也有巨大的责任；"我们不能孤独地生存，必须互相帮助"。他认为，在接下来的这个世纪，生物学和心理学将会产生某种结合，人类不仅要了解各种疾病，也要了解我们自身。

基　因

基因是位于染色体上的一个DNA片断，它不管是在生命的复制和遗传中，还是在物种的变异与灭绝中，都发挥着决定性的作用。大自然正是站在基因这架生命的DNA螺旋天梯上，通过无数道复杂精确的命令，指挥着绚丽多彩的生命世界，演绎着和谐统一的生命过程。

在21世纪的今天，“基因”已成为一个世界性的名词，基因食品、基因作物、基因药物、基因治疗、基因芯片……“基因”无时不在，无处不在。那么，什么是基因呢?

现代遗传学家认为，基因是DNA（脱氧核糖核酸）分子上具有遗传效应的特定核苷酸序列的总称，是具有遗传效应的DNA分子片段。基因位于染色体上，并在染色体上呈线性排列。基因不仅可以通过复制把遗传信息传递给下一代，还可以使遗传信息得到表达。不同人种之间头发、肤色、眼睛、鼻子等之所以不同，就是因为基因差异所致。

但人类对基因的认识却经历了一个漫长的过程。基因的最初概念来自奥地利遗传学家孟德尔的“遗传因子”。1909年，丹麦学者约翰逊首次提“gene”（英文原意是开始、生育的意思，取其音译是基因的意思）一词代替“遗传因子”，并一直沿用至今。1921年，生物学家缪勒提出基因在染色体上有确定的位置，它本身是一种微小的颗粒，其最明显的特征是自我繁殖的本性，新繁殖基因经过一代以上可以变成遗传的基因。同时，缪勒认为应该摆脱基因概念创始人的束缚，而将基因物质化和粒子化。

1951年，摩尔根等生物学家发表了《孟德尔遗传的机制》一书，它系统地总结了主要遗传学观点，全面提出了基因论：基因位于染色体上；一个染色体通常含有许多基因；基因在染色体上有一定的位置和顺序，并呈线性排列；基因之间并不永远联结在一起，在减数分裂过程中，它们与同源染色体上的等位基因之间常常发生有秩序的交换；基因在染色体上组成连锁群，位于不同连锁群的基因在形成配子时，按照孟德尔第一遗传规律和孟德尔第二遗传规律进行分离和自由组合，位于同一

趣味点击　遗传因子

遗传因子即决定生物体性状的内在原因。具体地说，就是生物体表现出来的性质和形状，比如大小、高矮、颜色等。“性状”是人们感觉到的表面现象，它们的重复出现具有某种内在的原因。

连锁群的基因在形成配子时，按照摩尔根第三遗传规律进行连锁和互换。

基因对遗传学家来说，如同原子和电子对化学家、物理学家那样，至关重要且不可或缺。摩尔根对此有一句非常深刻的名言：“像化学家和物理学家假设看不见的原子和电子一样，遗传学家也假设了看不见的要素——基因。三者主要的共同点，在于化学学家、物理学家和遗传学家都根据数据得出各自的结论。”迄今为止，从最高等的哺乳动物到最低等的细菌、病毒，基因在染色体上的原理都是适用的。基因论科学地反映了生物界的遗传规律。摩尔根的贡献不仅在于实现了基因结构的具体化和物质化，而且确立了基因是生命遗传的基本单位。

知识小链接

等位基因

等位基因又称对偶基因，是一对占据同源染色体的相同基因座的可以复制的脱氧核糖核酸。大部分时候是脱氧核糖核酸列，有的时候也被用来形容非基因序列。

不过，摩尔根的基因论因为历史条件的限制，也存在一定的局限性，当时谁也不知道基因是什么样的物质，作为遗传粒子的基因究竟有什么功能，基因是如何发挥功能的等等一系列的问题，基因论都没有做出回答。分子遗传学的诞生为解决这些问题开辟了的道路。

1944 年，美国的艾佛瑞等证明 DNA 是遗传物质。1953 年，沃森和克里克经过不懈的探索和分析，终于揭示了 DNA 双螺旋结构模型，标志着现代遗传学进入了分子生物学时期。DNA 双螺旋结构的提出，使人类认识到 DNA 结构上贮存着遗传信息，这些特定的信息规定着某种蛋白质的合成，核苷酸序列与氨基酸序列之间存在着特定的关系。从而，人们终于达成了共识：DNA 是遗传物质，基因是核苷酸上的一定碱基序列。但是，在双螺旋结构发现以后的很长时间里，很多人都认为基因是不可分的遗传基本单位。

直到 1957 年，生物学家本泽尔在分析基因内部精细结构的时候，认为基因是DNA分子上的一个特定区段，作为遗传信息的功能单位，在结构上是由许多可以独自发生突变或重组的核苷酸组成。1969年，夏皮罗等证明大肠杆菌基因可以离开染色体独立发生作用。1970年，梯明发现仅以RNA作为遗传物质的逆转录病毒，提示遗传物质不但可以是DNA，也可以是RNA。1977年，科学家在猿猴病毒和腺病毒中发现基因内有分区，并把表达部分称为外显子，不表达部分称为内含子。随后，在大肠杆菌中科学家又发现，基因可以在染色体及染色体外的DNA之间往返飞行。

这些基因不连续现象的发现，说明功能上相关的多个基因可以分散在染色体的不同部位，而且同一基因也可以分为几个部分，一个基因的内含子可以是另一个基因的外显子。与基因不连续的现象相反，英国的桑格发现基因还可以是重叠的，即几个基因可以共用一段DNA序列。现代生物学已经证明，基因是遗传信息的载体，是DNA（脱氧核糖核酸）或某些病毒中RNA（核糖核酸）的很小很小的区段。一个DNA分子可以包含成千上万个基因，每个基因又包含若干遗传信息，而且已知的遗传信息都是三体密码的形式。

广角镜

重组子

重组子是两个突变位点之间可发生交换产生野生型的最小单位，即不能由重组分开的基本单位；重组子另一含义是含有重组DNA分子的转化细胞。

随着人们对基因认识的发展和深化，基因的概念也不断得到修正和完善，不断赋予新的内容和含义。在经典遗传学中，基因作为存在于细胞里有自我繁殖能力的遗传单位，它的含义包括三方面的内容：①在控制遗传性状发育上是功能单位，又称顺反子。②在产生变异上是突变单位，又称突变子。③在杂交遗传上是重组或交换单位，又称重组子。新的基因理论把基因分成顺反子、突变子和重组子，不仅证明基因是可分的，而且打破了传统的“三位一体”说，为全面揭示生物遗传和变异规律，准确认识生命本质和活动过程奠定了基础。

◎基因怎样控制遗传

一个关键问题是：基因是怎样控制性状的呢？这个问题非常复杂，表现形式也不一样。

早在1902年，英国医生加罗特第一次引导人们注意基因和酶的关系。他是从临床医学实践中把这种观念引进到生物学中来的。那时候已经知道有一种白化病，它的病因是由遗传因素引起的。加罗特把正常人和白化病人的生物化学作了比较，发现白化病是由于缺少一种酶而引起的。由于缺少这种酶，所以病人不能把酪氨酸转变成黑色素。而正常人体是有这种酶存在的，它能催化酪氨酸转变成黑色素的生物化学反应。由此看来发生在有机体里的这样一种生物化学过程，是受支配这个酶合成的基因控制的。

1923年，加罗特在黑尿酸病患者中也发现有类似的情况。在正常个体中，有一个基因是负责尿里的一种酶合成，这种酶能加速一种正常代谢产物黑尿酸的分解。而在黑尿酸病患者中，等位基因的纯合子却造成了这种酶的缺失，于是黑尿酸就不再分解成二氧化碳和水，而是被排泄到尿里。黑尿酸是一种接触空气以后就变黑的物质，因此病人的尿布或者尿长期放置以后，就会变成黑色。根据白化病和黑尿病这些遗传病代谢异常的资料，加罗特引入了“先天性代谢差错”的概念。他认为，这些患者的异常的生化反应，是“先天性代谢差错”的结果，这种差错和酶有关，并且是完全符合孟德尔定律而随基因遗传的。这样，加罗特的工作初步确立了基因和酶的合成有关的观念。

从1940年开始，遗传学家比德尔和美国的生物学家塔特姆合作，用红色面包霉做材料进行研究。他们发现它有很多优点，如繁殖快、培养方法简单和有显著的生化效应等，因此研究工作进展顺利，并且得到了巨大的成果。他们用X射线照射红色面包霉的分生孢子，使它发生突变。然后把这些孢子放到基本培养基（含有一些无机盐、糖和维生素等）上培养，发现其中有些孢子不能生长。这可能是由于基因的突变，丧失了合成某种生活物质的能力。而这种生活物质又是红色面包霉在正常生长中不可缺少的，所以它就无法生长。如果在基本培养基中补足了这些物质，那么孢子就能继续生长。应用这种办法，比德尔和塔特姆查明了各个基因和各类生活物质合成能力的关系，发现有些基因和氨基酸的合成有关，有些基因和维生素的合成有关，等等。

经过进一步研究，比德尔和塔特姆发现，在红色面包霉的生物合成中，每一阶段都受到一个基因的支配，当这个基因因为突变而停止活动的时候，就会中断这种酶的反应。这说明在生物合成过程中酶的反应是受基因支配的，也就是说，基因和酶的特性是同一序列的。于是他们在 1946 年提出了“一个基因一个酶”的理论，用来说明基因通过酶控制性状发育的观点，即一个基因控制一个酶的合成。具体地说，每一个基因都是操纵一个并且只有一个酶的合成，因此控制那个酶所催化的单个化学反应。我们知道酶具有催化和控制生物体内化学反应的特殊才能，这样，基因就通过控制酶的合成而控制生物体内的化学反应，并最终控制生物的性状表达。虽然“一个基因一个酶”的理论，既没有探究基因的物理、化学本性，也没有研究基因究竟怎样导向酶的形成，但是它第一次从生物化学的角度来研究遗传问题，注意到基因的生化效应，在探索基因作用机理方面是有很大贡献的。

但生物学家到后来发现问题不是那么简单，基因有时并不控制酶的合成，而是控制蛋白质的空间结构，从而达到控制性状的目的，于是在此基础上，遗传学家和生物化学家又提出了“一个基因一条多肽链”的假说，即一个酶是由许多多肽链构成的。这样若干个基因控制若干个多肽链，这些多肽链又构成一个酶，并最终控制生物的性状表达。

近年来，许多实验室对真核细胞基因的分析研究表明：DNA 上的密码顺序一般并不是连续的，而是间断的；中间插入了不表达的，甚至产物不是蛋白质的 DNA，相继发现“不连续的结构基因”、“跳跃基因”、“重叠基因”等。这些研究成果说明，功能上相关的各个基因，不一定紧密连锁成

你知道吗

多肽链

氨基酸残基组成多肽的一维形式。按照 mRNA 上的遗传密码，一个个由转运 RNA 运来的氨基酸互相连接而成为一条多肽链。

操纵子的形式，它们不但可以分散在不同染色体或者同一染色体的不同部位上，而且同一个基因还可以分成几个部分。因此，过去的“一个基因一个酶”或“一个基因一条多肽链”的说法就不够确切和全面了。

实际上，基因控制生物性状的遗传是非常复杂的，有直接作用，有间接作用，还有依靠一种叫作操纵子的东西来控制生物的遗传，甚至还受到环境的影响，等等。

1. 基因的直接作用

如果基因的最后产物是结构蛋白，基因的变异可以直接影响到蛋白质的特性，从而表现出不同的遗传性状，从这个意义上说，可以看作是基因对性状表现的直接作用。

2. 基因的间接作用

基因通过控制酶的合成，间接地作用于性状表现，这种情况比上述的第一种情况更为普遍。例如，高茎豌豆和矮茎豌豆，高茎（T）对矮茎（t）是显性。据研究，高茎豌豆含有一种能促进节间细胞伸长的物质——赤霉素，它是一类植物激素，能刺激植物生长，而矮茎豌豆则没有这种物质。赤霉素的产生需要酶的催化，而高茎豌豆的T基因的特定碱基序列，能够通过转录、翻译产生出促使赤霉素形成的酶，这种酶催化赤霉素的形成，赤霉素促进节间细胞生长，于是表现为高茎。而矮茎基因t，则不能产生这种酶，因而也不能产生赤霉素，节间细胞生长受到限制，表现为矮茎豌豆。这个过程可大体这样表示：

基因—酶—赤霉素—细胞正常生长—高茎

又如某些矮生玉米类型，它们之所以矮，是由于矮基因

拓展阅读

氧化酶

过氧化物酶体中的主要酶类，氧化酶约占过氧化物酶体酶总量的一半，包括：尿酸氧化酶、D－氨基酸氧化酶、L－氨基酸氧化酶和L－α－羟基酸氧化酶等。各种氧化酶作用于不同的底物，其共同特征是氧化底物的同时，将氧还原成过氧化氢。

产生了一种氧化酶，破坏了茎顶端细胞所形成的生长素，使细胞延长受到限制，从而表现矮生型。而正常的高品种玉米则没有这种氧化酶，生长素正常发挥作用。这个过程也可这样表示：

基因—酶—生长素破坏—细胞延长受限制—矮茎

◎ 操纵子学说

操纵子是由紧密连锁的几个结构基因和操纵基因组成的一个功能单位。其中的结构基因的转录受操纵基因的控制。

所谓结构基因是指决定蛋白质结构的基因，这是一般常说的基因。操纵基因对结构基因的转录有开、关的作用，操纵基因本身不产生什么物质。另外还有调节基因，通过产生一种蛋白质——阻遏物调节其他基因的活动，但调节基因不属于操纵子的成员。

◎ 性状表现的复杂性

基因作用与性状表现的关系非常复杂，这种复杂性是由于若干组因子的相互作用、错综交织在一起。

在最初的基因作用与最后的性状表现之间，有好多发育步骤和综合影响。性状的表现不是一个基因的效果，而是若干个或许多个基因以及内外环境条件综合作用的效果。

例如，玉米的高或矮性状，至少涉及20个基因位点，叶绿素的产生至少涉及50个基因位点。有些基因对于某性状的形成可能具有原始作用，而其他一些基因则产生具有调节功能的生长调节物质，还有一些基因间接地影响性状，或是作为基因的多效性发生影响，或是作为一些修饰因子。另外，基因的作用效果还受内外环境条件的影响。酶通常是在某一温度或某一酸碱度范围内才具有活性。如果基因的作用、酶的作用、激素的作用都受环境的影响，那么，可能的性状表现型就会多种多样。

生 殖

SHENGMING DE YANXU
SHENGZHI YU YICHUAN

生殖是生命的基本特征之一，生殖是指生物产生后代和繁衍种族的过程，是生物界普遍存在的一种生命现象。我们知道的生殖方式有有性生殖和无性生殖，当然，克隆技术也是一种无性生殖方式，本章以浅显易懂的文字和生动形象的语言，让我们了解生殖世界的奥秘。

无性生殖

无性生殖是指亲体不通过两性细胞的结合而产生后代个体的生殖方式。多见于无脊椎动物，又称无配子生殖。指与配子无关的生殖方式之总称，是有性生殖的对应词。包括分裂生殖、出芽生殖、孢子生殖、营养生殖、组织培养等。无性生殖的优点是能保持母本的性状。从本质上讲，是由体细胞进行的繁殖就是无性生殖。随着科技的发展，又出现了一种新的无性生殖技术，那就是克隆。

知识小链接

出芽生殖

出芽生殖又叫芽殖，是无性繁殖方式之一。“出芽生殖”中的“芽”是指在母体上长出的芽体，而不是高等植物上真正的芽的结构。

◎分裂生殖

分裂生殖又叫裂殖，是无性生殖中常见的一种方式，即是母体分裂成两个（二分裂）或多个（复分裂）大小形状相同的新个体的生殖方式。这种生殖方式在单细胞生物中比较普遍，但对不同的单细胞生物来说，在生殖过程中核的分裂方式是有所不同的，可归纳为以下方式：

（1）以无丝分裂方式营无性分裂生殖

无丝分裂又称直接分裂，是一种最简单的细胞分裂方式。整个分裂过程中不经历纺锤丝和染色体的变化，这种方式的分裂在细菌、蓝藻等原核生物的分裂生殖中最常见。

原核细胞的分裂包括两个方面：①细胞 DNA 的分配，使分裂后的子细胞能得到亲代细胞的一整套遗传物质；②胞质分裂把细胞基本上分成两等分。

复制好的两个 DNA 分子与质膜相连，随着细胞的生长，把两个 DNA 分子拉开，细胞分裂时，细胞壁与质膜发生内褶，最终把母细胞分成了大致相等的两个子细胞。

（2）以核的有丝分裂方式营无性分裂生殖

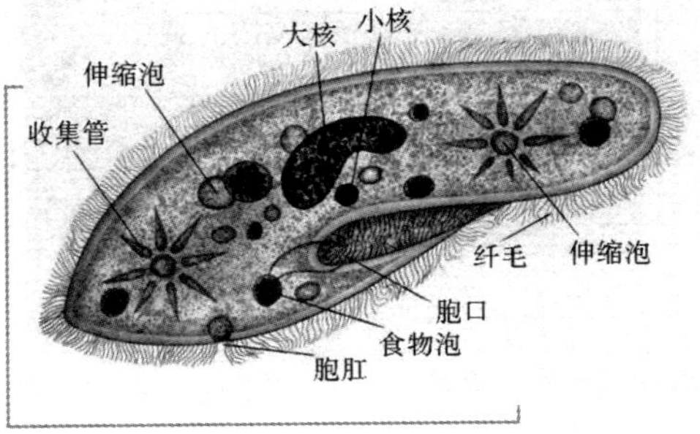

草履虫

有丝分裂的过程要比无丝分裂复杂得多，是多细胞生物细胞分裂的主要方式，但一些单细胞如甲藻、眼虫、变形虫等，在分裂生殖时，也以有丝分裂的方式进行。

甲藻细胞染色体的结构和独特的有丝分裂，兼有真核细胞和原核细胞的特点，细胞开始分裂时核膜不消失，核内染色体搭在核膜上，分裂时核膜在中部向内收缩形成凹陷的槽，槽内细胞质出现由微管按同一方向排列的类似于纺锤丝的构造，调节核膜和染色体，分离为子细胞核，最终分裂成两个子细胞（甲藻）。

眼虫营分裂生殖时，核进行有丝分裂，分裂过程中核膜并不消失，随着细胞核中部收缩分离成两个子核，然后细胞由前向后纵裂为二（纵二分裂），其中一个带有原来的一根鞭毛，另一个又长出一根新鞭毛，从而形成两个眼虫。

变形虫长到一定大小时，进行分裂繁殖，是典型的有丝分裂，核膜消失，随着细胞核中部收缩，染色体分配到子核中，接着胞质一分为二，将细胞分裂成两个子

你知道吗

鞭　毛

鞭毛在某些细菌菌体上具有细长而弯曲的丝状物，称为鞭毛。鞭毛的长度常超过菌体若干倍。在某些菌体上附有细长并呈波状弯曲的丝状物，少则 1～2 根，多则可达数百根。这些丝状物称为鞭毛，是细菌的运动器官。

代个体。

（3）以核的无丝分裂和有丝分裂方式营无性分裂生殖

这种方式最典型的代表就是草履虫，草履虫属原生动物纤毛虫纲，细胞内有大小两种类型的核，即大核和小核，小核是生殖核，大核是营养核，在草履虫进行无性繁殖时，小核进行核内有丝分裂，大核则进行无丝分裂，接着虫体从中部横缢分成两个新个体。

水　螅

◎出芽生殖

出芽生殖又叫芽殖，是无性生殖方式之一，是由母体在一定的部位生出芽体的生殖方式。芽体逐渐长大，形成与母体一样的个体，并从母体上脱落下来，成为完整的新个体。酵母菌和水螅（环境恶劣时水螅也进行有性生殖）常常进行出芽生殖。

“出芽生殖”中的“芽”是指在母体上长出的芽体，而不是高等植物上真正的芽的结构。亲代借由细胞分裂产生子代，在一定部位长出与母体相似的芽体，即芽基，芽基并不立即脱离母体，而与母体相连，继续接受母体提供的养分，直到个体可独立生活才脱离母体。是一种特殊的无性生殖方式，如酵母菌、水螅等腔肠动物、海绵动物等。

有些生物在适当环境下，

拓展阅读

芽　基

芽基在实验胚胎学领域中，一般是指大体可与其他区或体部相区别的细胞群，它虽有其特定的发生方向，但尚处于未分化的状态。在上述的定义中并不包括那些能明显地区别于其他胚区的细胞群，也就是说即使是形态上不能明确地区别于母层的胚层的细胞群，而在分化能力方面能明显地区别于附近的细胞群，这种细胞多被称为芽基。

会由体侧凸出向外形成一个球形芽体，这个芽体的养分全由母体供应，待成熟后由母体相接处形成新的体壁，再与母体分离成为独立的新个体，此现象称为出芽生殖。

它是一些低等动物或植物无性生殖的一种方式。由母体长出新个体，形状和母体相似，仅大小不同，脱落后成为独立的个体，和母体为“同样形态”。

◎孢子生殖

由母体产生出没有性别分化的孢子，这种繁殖细胞不经过两两结合，每个孢子能直接发育成新个体的生殖方式。

蘑　菇

采蘑菇时，只要你稍稍触及老熟的蘑菇，在它那雨伞般身躯翻面的皱褶里，会落下很多细细的“粉末”，随风飞扬。这就是蘑菇繁殖后代的孢子。像蘑菇这样的孢子植物，不会开花结子，它们都以孢子繁殖后代。

孢子的个儿一般很细小，直径只有几微米到几十微米，肉眼一般看不见它们。

衣藻和小球藻等原生藻类，其营养细胞长大，细胞壁加厚，形成孢子囊，在孢子囊内的原生质体进行多次分裂，形成多个无性孢子。

知识小链接

孢子囊

孢子囊是植物或真菌制造并容纳孢子的组织。孢子囊会出现在被子植物门、裸子植物门、蕨类植物门、蕨类相关、苔藓植物、藻类和真菌等生物上。

各种曲霉的气生菌丝可产生生殖分枝，形成孢子囊。青霉等生殖分枝再发育成分生孢子梗，其末端多次断裂生成分生孢子。疟原虫的配子在蚊体内结合成合子，合子穿入胃壁发育成孢子囊（即卵囊），经过多次核分裂后形成许多孢子。

◎营养生殖

营养生殖是利用植物的营养器官（根、叶、茎）来进行繁殖，只有高等植物具有根茎叶的分化，因此，它是高等植物的一种无性生殖方式，低等的植物细胞不可能进行营养生殖，而出芽生殖是低等动物的一种无性生殖方式。

营养生殖能够使后代保持亲本的性状，因此，人们常用分生、嫁接、扦插、压条等人工的方法来繁殖花卉和果树。

在自然状态下进行营养生殖，叫作自然营养繁殖。如草莓匍匐枝，秋海棠的叶，马铃薯的块茎；在人工协助下进行营养繁殖，叫作人工营养繁殖，如扦插、嫁接。

分生繁殖

将丛生的植株分离，或将植物营养器官的一部分与母株分离，另行栽植而形成独立新植株的繁殖方法。所产生的新植株能保持母株的遗传性状，方法简便、易于成活、成苗较快；但繁殖系数较低，切面较大，易感染病毒病等病害。

萱 草

按分离器官的不同，分生方法有：

分株：将根际或地下茎发生的萌蘖切下栽植。如刺槐、木瓜、萱草等。

分吸芽：某些植物根际或地上茎的叶腋间发生的莲座状短枝，其下部可自然生根，从母株上分离另行栽植。如景天、菠萝等。

分株芽或零余子：某些植物生于叶腋间或花序上的芽，脱离母株落地后即可生根，如卷丹、葱类。

分走茎：自叶丛抽出的茎，节上着生叶、花和不定根，分离栽植即可成新株，如草莓等。

分根茎：将根茎切成具2~3个芽的段，可繁殖成新株，如莲、美人蕉等。

分球茎：可直接栽植新球茎和子球茎，也可将大球茎切成具芽的块栽植，如唐菖蒲、慈菇等。

分鳞茎：可将每年形成的子鳞茎分出栽种，如水仙等。

分块茎：如马铃薯等。

嫁接繁殖

嫁接是用植物营养器官的一部分，移接于其他植物体上。用于嫁接的枝条称接穗，所用的芽称接芽，被嫁接的植株称砧木，接活后的苗称为嫁接苗。嫁接繁殖是繁殖无性系优良品种的方法，常用于各种水果、干果以及梅花、月季等。嫁接成活的原理，是具有亲和力的两株植物间在结合处的形成层，产生愈合现象，使导管、筛管互通，以形成一个新个体。

（1）嫁接时间

休眠期嫁接：一般在春季萌动前2~3星期，3月上、中旬，而有些萌动较早的种类在2月中、下旬。因此时砧木的根部及形成层已开始活动，而接穗的芽即将开始活动，嫁接成活率最高。秋季嫁接约在10月上旬至12月初，嫁接后使其先愈合，明春接穗再抽枝，故休眠期嫁接亦可分为春接和秋接。

月　季

生长期嫁接：在生长期进行的主要为芽接。多在树液流动旺盛之夏季进行，因此时枝条腋芽发育充实而饱满，而砧木树皮容易剥离。故7~8月是芽接最适期。因夏秋之际均可进行，亦称夏接。

（2）砧木和接穗的选择

砧木要选择与接穗亲缘近、抗性强、生长壮健、适应本地环境的种类。接穗应选壮年的健康植株上的充实而饱满的枝条，取枝条的中部作为接穗。

（3）嫁接方法

嫁接的主要原则为切口必须平直光滑，如枝条较硬，手持不稳，可用一块皮或厚帆布放在膝上，将待削的接穗平放，用快刀稳削，则削面平直，不致形成内凹。绑扎嫁接部分的材料，现在多用塑料薄膜剪成长条，既有弹性，又可防水。

嫁接的方法很多，主要有以下四种：

切接：选定砧木，平截去上部，在其一侧纵向切下约 2 厘米，稍带木质部，露出形成层；接穗枝条的一端削成长 2 厘米左右的斜形，在其背侧末端斜削一刀，插入砧木，对准形成层（对线），然后扎缚即可。

劈接：也称割接，开花乔木的嫁接用此法较多。先在砧木离地 10 ~ 12 厘米处，截去上部，然后在砧木横切面中央，用嫁接刀垂直切下 3 厘米左右，然后剪取接穗，选取充实枝条，留 2 ~ 3 芽为一穗，将接穗的一端削成楔形，插入切好的砧木内，扎紧即可。

广角镜

休眠期

植物体或其器官在发育的过程中，生长和代谢出现暂时停顿的时期。通常是由内部生理原因决定的，种子、茎、芽都可处于休眠状态。植物体或其器官具有一定的休眠期，是有其意义的，特别是生活在冷、热、干、湿季节性变化很大的气候条件下，能使植物体度过不良环境。对于一些植物，如马铃薯、洋葱、大蒜，用人工方法，延长其休眠期，则有利于贮存。但种子的休眠期过长又会影响农业生产，因此需要用不同方法，解除种子休眠，以保证适时播种，不误农时。

靠接：将要选作接穗与砧木的两枝植株，置于一处，选取可以靠近的两根粗细相当的枝条，在能靠拢的部位，接穗与砧木都削去长 3 ~ 5 厘米的一片，然后靠拢，对准形成层，使其削面密切结合并紧密扎缚。

芽接：多用T形芽接，即将枝条中部各饱满的侧芽，剪去叶片，保存叶柄，连同枝条的皮层削成芽片，长约2厘米，并稍带木质部（某些植物不带木质部，如月季）。然后将砧木的皮切一T形，并用芽接刀将另一端薄片的皮层挑开，将芽片插入，用塑料薄膜带扎紧，将芽及叶柄露出。

扦插繁殖

扦插繁殖即取植株营养器官的一部分，插入疏松润湿的土壤或细沙中，利用其再生能力，使之生根抽枝，成为新植株。按取用器官的不同，又有枝插、根插、芽插和叶插之分。扦插时期，因植物的种类和性质而异，一般草本植物对于插条繁殖的适应性较大；除冬季严寒或夏季干旱地区不能行露地扦插外，凡温暖地带及有温室或温床设备条件者，四季都可以扦插。木本植物的扦插时期，又可根据落叶树和常绿树而决定，一般分休眠期插和生长期插两类。

（1）选择优良的采条母本和插材

作为采条母体的植株，要求具备品种优良，生长健旺，无病虫危害等条件，生长衰老的植株不宜选作采条母体。在同一植株上，插材要选择中上部，向阳充实的枝条，且节距适合，芽头饱满，枝杆粗壮。在同一枝条上，硬枝插选用枝条的中下部，因为中下部贮藏的养分较多，而梢部组织常不充实，但树形规则的针叶树，如龙柏、雪松等，则以带顶芽的梢部为好，以后长出的扦插树干通直，形态美观，带踵扦插，剪去过分细嫩的顶部，而菊花等在扦插时，使用的却正是嫩头。

（2）正确进行插条处理

采用叶插繁殖的扦插应在剪取插条后立即进行，以免叶子萎蔫，影响生根。在秋末剪取的月季、木槿、凌霄等插条，由于没有具备立即扦插的温度条件，可以插条剪好后，绑成捆用湿润沙埋在花盆里，放在室内温度保持0℃～5℃的地方，冬季注意不要使沙子太干，等翌年早春再扦插。对于月季花等花木也可冬季在塑料小棚里进行扦插。仙人掌肉质植物的插条，剪取后应放在通风处晾一周左右，待剪口处略有干缩时再扦插，否则容易腐烂。四季海棠、夹竹桃等，插条剪取后可先泡在清水中，等泡出根来即可直接栽入盆中。月季、米兰等，可将插条的下口在维生素 B 针剂中蘸一下取出，经 1 ~ 2 分钟使药液吸进插条后再插入粗沙中，这样处理有促进生根的效果。含水分较多的花卉植株插条，如洋绣球、毛叶秋海棠等，在插条下蘸一些草木灰，可防止扦插后腐烂。

仙人掌

（3）选用适宜的扦插基质

除了水插外，插条均要插入一定基质中，基质的种类很多，有园土、培养土、山黄泥、兰花泥、砻糠灰、蛭石、河沙等，它们对环境的要求是渗水性好，有一定的保水能力，升温容易，保温良好。对于较粗放的花卉，一般插入园土或培养土中，喜酸性土的花卉可插入山黄泥或兰花泥，生根较难的花木则宜插在砻糠灰、蛭石或河沙中。

做好扦插后的管理工作

扦插后要加强管理，为插条创造良好的生根条件，一般花卉插条生根要求插壤既湿润又空气流通，可以扦插盆上或畦上盖玻璃板或塑料薄膜制成的罩子，以保持温度和湿度。罩子下面垫上小砖，使空气流入。夏季和初秋，白天应将扦插盆放在遮阴处，晚上放在露天。早春、晚秋和冬季温度不

趣味点击　扦　插

扦插也称插条，是一种培育植物的常用繁殖方法。可以剪取某些植物的茎、叶、根、芽等，或插入土中、沙中，或浸泡在水中，等到生根后就可栽种，使之成为独立的新植株。在农林业生产中，不同植物扦插时对条件有不同需求。了解和顺应它们的需求，才能获得更高的繁殖成功率。

够时，则可放在暖处或温室中，但必须注意温、湿度的调节。以后根据插条生根的快慢，逐步加强光照。

对花、木进行扦插繁殖，为促使插条生根，除使用萘乙酸等生长素处理外，还可用一些简便经济的方法。

用高锰酸钾处理插条。将插条基部 2 厘米浸入 0.1% ~0.5% 的高锰酸钾溶液中，浸泡 12 ~24 小时后取出，立即扦插。

用白糖水溶液处理插条。使用浓度：草本花卉为 2% ~5%，木本花卉为 5% ~10%。将插条基部 2 厘米浸入上述溶液中，24 小时后取出，用清水将插条外部沾着的糖液冲洗干净后扦插。

用医用维生素 B_{12}。将维生素 B_{12} 的针剂加 1 倍凉开水稀释，将插条基部浸入其中，约 5 分钟后取出，稍晾一会儿待药液吸进后扦插。

知识小链接

高锰酸钾

高锰酸钾，也叫灰锰氧、PP 粉，是一种常见的强氧化剂，常温下为紫黑色片状晶体，易见光分解，故需避光存于阴凉处，严禁与易燃物及金属粉末同放。高锰酸钾以二氧化锰为原料制取，有广泛的应用，在工业上用作消毒剂、漂白剂等，在实验室，高锰酸钾因其强氧化性和溶液颜色鲜艳而被用于物质的鉴定，酸性高锰酸钾溶液是氧化还原滴定的重要试剂。在医学上，高锰酸钾可用于消毒、洗胃。

用生根粉。可用 ABT 生根粉将一年生嫩枝基部浸泡 0.5 ~1 小时，取出后立即插入基质中。ABT 生根粉适用于大量的花木扦插，其生根效果优于用萘乙酸和吲哚丁酸。

压条繁殖

压条繁殖是使连在母株上的枝条形成不定根，然后再切离母株成为一个新生个体的繁殖方法。压条时，为了中断来自叶和枝条上端的有机物如糖、生长素和其他物质向下输导，使这些物质积聚在处理的上部，供生根时利用，可进行环状剥皮。在环剥部位涂生长素可促进生根。

压条繁殖多用于茎节和节间容易自然生根，而扦插又不易生根的木本花卉。其基本方法是把母株枝条的一段刻伤埋入土中，生根后切离母株，使之成为独立的新植株。压条时间在温暖地区一年四季均可进行，北方多在春季进行。有的植物枝条坚硬不易弯曲下来做压条繁殖，可以用空中压条法。例如米兰、白兰花等植物。空中压条这样做：先把塑料薄膜把环割的伤口下部围起来，捆扎紧，再把塑料薄膜翻上去成口袋状，向袋内填满粗沙，浇足水，然后把上口也捆扎紧。用支架把压条的枝固定住，或用绳子吊挂在大的枝条上。待芽长出新枝时，从下部与母体分离，栽入土中，成为一株新的植株。压条繁殖花卉即把母株枝条的一段刻伤埋入土中，生根后切离母株，使之成为独立的新植株。一般分为普通压条法、堆土压条法和高枝压条法3种。

你知道吗

生长素

生长素是第一个被发现的植物激素。生长素中最重要的化学物质为3－吲哚乙酸。生长素有调节茎的生长速率、抑制侧芽、促进生根等作用，在农业上用以促进插枝生根，效果显著。

（1）普通压条法

多用于枝条柔软而细长的藤本花卉，如迎春、金银花、凌霄等。压条时将母株外围弯曲呈弧形，把下弯的突出部分刻伤，埋入土中，再用钩子把下弯的部分固定，待其生根后即可剪离母株，另外移栽。

迎 春

（2）堆土压条法

适用于丛生性强、枝条较坚硬不易弯曲的落叶灌木，如红瑞木、榆叶梅、黄刺玫等。于初夏将其枝条的下部距地面约 25 厘米处进行环状剥皮约 1 厘米，然后在母株周围培土，将整个株丛的下半部分埋入土中，并保持土堆湿润。待其充分生根后到来年早春萌芽以前，刨开土堆，将枝条自基部剪离母株，分株移栽。

（3）高枝压条法

用于枝条发根难又不易弯曲的常绿花木。一般在生长旺季进行，挑选发育充实的 2 年生枝条，在其适当部位进行环状剥皮，然后用塑料袋装入泥炭土、山泥、青苔等，包裹住枝条，浇透水，将袋口包扎固定，以后及时供水，保持培养土湿润。待枝条生根后自袋的下方剪离母体，去掉包扎物，带土栽入盆中，放置在阴凉处养护，待大量萌发新梢后再见全光。

对于一些比较柔软和容易离皮的花卉，采用高枝压条法，除对高枝压条部位采用环状剥皮外，还可采用拧枝，即用双手将被压部分扭曲，使高枝压条部位的韧皮部与木质部分离即可，在伤口涂抹一些生长激素，可促进生根。

◎组织培养

用组织培养的方法进行繁殖是一项先进技术，可用极少量的繁殖材料，繁殖大量的植株，并可得到去病毒的壮苗，这在某些花卉的商品生产中已成为极有效的繁殖手段。组织培养早在 20 世纪初即已开始，已有 100 多年的历史。植物细胞具有全能性。根据这个理论，用植物的组织培养技术，可以完成植物的繁殖。植物组织培养的大致过程如下：在无菌的条件下，将植物器官或组织切下，放在适当的人工培养基上培养，这些器官或组织就会进行细胞分裂，形成新的组织。不过，这种组织没有发生细胞分化，在适当的光照、温度和一定的营养物质与激素等条件下，这部分细胞便开始分化，产生组织器官，进而发育成一棵完整的植株。

知识小链接

器官

器官是动物或植物的由不同的细胞和组织构成的结构，用来完成某些特定功能，并与其他分担共同功能的结构一起组成各个系统。植物的器官比较简单，最高等的被子植物有根、茎、叶、花、果实、种子六大器官，而其他的植物并不是都有这六大器官的。动物的器官十分复杂，数不胜数，很难具体地列出有哪些器官。

草 莓

植物的组织培养不仅取材少，培养周期短，繁殖率高，而且还便于自动化管理。这项技术已在果树和花卉的快速繁殖、培育无病毒植物等方面得到了广泛的应用。例如，一个兰菊花的茎尖，可以在一年内产出 40 万株兰花苗。又如，长期进行无性繁殖的植物，体内往往积累大量的病毒，从而影响植物的产量和观赏价值，经研究发现，只有茎尖和根尖中不含有病毒，因此，人们利用茎尖进行组织培养，便得到了多种植物如（马铃薯、草莓、菊花）的无病毒株，取得可观的经济效益。

试管育苗

迄今，全世界已有 1000 多种植物的细胞培养或组织培养获得了植株，其中已有大批的农作物和花卉树木的培养技术进入了实用化，形成了商品化苗木输出工业。由于细胞培养和组织培养的过程一般是在玻璃试管中进行的，于是，由此而得的苗木被人们称为试管苗。

试管育苗也要经过一定的程序，首先是获取无菌的试管育苗的材料，然后诱导其在培养基上；其次，要实现育苗的继代繁殖，通过繁殖途径的选择、最适继代间隔时间的选择、培养基的选择来完成。然后是生根成苗。通过试管无根苗的大小，采用降低盐浓度的配方，或是添加适量生长素的方法来完成。最后，就是将育成的苗移栽成活。

采用试管苗的无性繁殖法具有巨大的优势，可以使得植株快速、大量地繁殖。

以试管树苗而言，一位加拿大植物学家认为："在1加仑（1加仑≈4.55升）的培养基里，培养单个的植物细胞，可以培育出300万株优良品种的云杉植株来。"美国宾夕法尼亚州立大学园艺学家认为，利用植物细胞和组织培养技术培养植物繁殖不但可行而且有利。它的好处是：可以避免用种子繁殖时发生的后代变异；可以得到无病害的植物，并且繁殖迅速，一年之内能生产数十万株植物。特别是木本植物繁育周期长，从种子到下一代，往往需要几年，甚至几十年，如果用试管育苗的办法，对于缩短育种时间和保持植物优质将起到明显的作用。

这里特别要提出的是发根的试管育苗。许多双子叶植物受到发根土壤杆菌感染后形成发根。和根瘤土壤杆菌感染引起根瘤一样，发根土壤杆菌引起病态表型是由于诱导成根的杆菌质粒部分整合于植物染色体上，并调节了细胞内源激素的合成，从而使不定根在受伤部位丛生，发根经抗生素处理，可以成为无菌的培养，发根表现型可以在这种培养基上稳定下来，而且发根生长远比正常根快。

趣味点击　质　粒

质粒是细菌拟核裸露DNA外的遗传物质，为环形闭合的双股DNA，存在于细胞质中，质粒编码非细菌生命所必须的某些生物学性状，如性菌毛、细菌素、毒素和耐药性等。质粒具有可自主复制、传给子代、也可丢失及在细菌之间转移等特性，与细菌的遗传变异有关。

目前试管育苗在许多方面得到了广泛的应用，首先是植物优良品种或稀有珍贵品种的快速繁殖。而这些树种用常规的种子繁殖或扦插繁殖均是比较困难、速度极慢的。许多国家利用试管育苗技术达到了快速繁殖珍贵树种的目的。

其次，用此技术繁殖植物，可避免病毒感染及其他污染。如已大面积推广应用的无病毒马铃薯种薯繁殖技术，已获得巨大经济效益。在花卉繁育上，现在也大量采用组织培养法，由此而产生的无病毒试管花卉，已成为世界上花卉生产的主要发展方向。

再者，用试管苗技术繁殖农作物，可节省大量用于制种的作物。例如，在甘蔗生产上，每公顷地用于做种的甘蔗需要7500～15000千克，如果大面积推广试管苗，则相当于每公顷地增产7500～15000千克，效益相当可观。

广角镜

无性繁殖

无性繁殖是指不经生殖细胞结合的受精过程，由母体的一部分直接产生子代的繁殖方法。

试管育苗技术的发展极快，现在世界各地已有大量试管育苗工厂，尤其在花卉的生产上，形成了所谓的试管花卉工业，试管育苗技术与现代化设备与自动化管理技术的结合，将使种植业的可控程度大大提高。

试管育苗作为一种新技术，一旦为从事遗传、育种、栽培、园艺、林业、农业的科研工作者与生产者所掌握，无疑将会发挥巨大的作用。然而过高的成本，费工费时的操作与管理，对操作者的技术与经验的较高要求，均妨碍了该项新技术优势的发挥，致使目前用试管育苗生产的植物仅有兰花、康乃馨、草莓、山楂、葡萄、菠萝、甘蔗、马铃薯等几十种植物，其他植物的应用有待方法的完善与开发。因此，可以

康乃馨

说，试管育苗尚处于开发与应用推广同时并进的阶段。

知识小链接

干扰素

干扰素是一种广谱抗病毒剂，并不直接杀伤或抑制病毒，而主要是通过细胞表面受体作用使细胞产生抗病毒蛋白，从而抑制病毒的复制；同时还可增强自然杀伤细胞、巨噬细胞和T淋巴细胞的活力，从而起到免疫调节作用，并增强抗病毒能力，干扰素是一组具有多种功能的活性蛋白质，是一种由单核细胞和淋巴细胞产生的细胞因子。它们在同种细胞上具有广谱的抗病毒、影响细胞生长，以及分化、调节免疫功能等多种生物活性。

目前的植物克隆技术的发展方向是与植物的基因工程相结合，以达到快速繁殖、改良品种的目的。近年来，由于通过基因工程克隆了大量有用产物的基因，特别是干扰素、胰岛素等药物已达到工业化生产的规模，植物学科受到前所未有的震动，许多生物学家和生物化学家开始着手基因工程研究，试图按人们的需要来定向地改良作物。如将抗病、抗虫、抗盐碱的基因或增强农作物光合作用的基因导入一些重要作物中，并通过植物克隆来扩增所获得的具有优良性状的植株，从而尽快应用于生产中产生经济效益。目前已有抗虫棉、抗病毒的烟草用于实验，引起了各方的广泛关注。

克　隆

克隆技术，其本身的含义是无性繁殖，即由同一个祖先细胞分裂繁殖而形成的纯细胞系，该细胞系中每个细胞的基因彼此相同。

克隆通常是一种人工诱导的无性生殖方式或者自然的无性生殖方式（如植物）。一个克隆就是一个多细胞生物在遗传上与另外一种生物完全一样。克隆可以是自然克隆，例如由无性生殖或是由于偶然的原因产生两个遗传上完全一样的个体（就像同卵双生一样）。但是我们通常所说的克隆是指通过有意识的设计来产生的完全一样的复制。

◎ 动物细胞核移植

所谓动物细胞核移植，就是用显微手术的方法将取得一个单个细胞或者单个细胞的核，然后再取得一个卵母细胞，通过“手术”去除卵母细胞中的遗传物质染色体或染色质，使之成为一个空壳，再把单个细胞或者单个细胞的核和卵母细胞空壳经过电击融合，从而实现单个细胞借居在卵母细胞空壳内，并能够实现核融合、分裂、发育为胚胎。

胚胎细胞核移植的工作自从 1986 年获得成功后，很快在几乎所有重要的家畜和实验动物中都取得了突破。这使人们产生了错觉，认为一个能大量复制动物的时代已经到来，一大批生物技术公司如雨后春笋般冒了出来，大量资金的流入像为克隆研究打了“强心针”，竞争进入了白热化。

到 1992 年，格雷纳德公司已经得到了 700 头细胞核移植克隆牛。其他公司也不甘示弱，每年妊娠的克隆牛也都上百头。用评论家的话说，在美国各大州的牧场中，克隆牛都在它们的“代理母亲”身边哞哞地欢叫着。

1992 年以后，胚胎细胞核移植技术研究转向研究基础工作，随后的几年中，有许多新的科研成果面世，但业已存在的那些根本问题依然没有解决，它们还是动物克隆技术的绊脚石。与胚胎细胞核移植不同，体细胞核移植的工作开展得较少，因为对于已完全分化的细胞，如何让它能重新发挥出全能性，是一个很难解决的问题。在为数不多的哺乳动物体细胞核移植实验中，无一能发育到产仔。

鉴于已有的经验，维尔穆特等人采用了一种使培养细胞调整

你知道吗

卵母细胞

卵母细胞在卵子发生过程中进行减数分裂的卵原细胞。分为初级卵母细胞、次级卵母细胞和成熟的卵细胞，它们分别是卵原细胞分化和 DNA 复制分裂后产生、第一次减数分裂和第二次减数分裂的产物。

状态的培养方法。在培养液中去除一部分重要成分，使培养的细胞处于一种饥饿状态。经过如此处理的羊乳腺细胞按常规的方法进行核移植后，有一只发育到出生，那就是“多莉”。这是人类第一次以一个成体动物为蓝本复制出一个克隆动物。这是动物无性繁殖中的最大成就，一旦它被证明是可重复的，体细胞克隆技术将无疑是一项具有划时代意义的工作。

◎ 雌核生殖技术

所谓雌核生殖指在没有精子的情况下使卵子发育成个体。人工诱导雌核生殖，一方面必须首先使精子染色体失活，另一方面还得保持精子穿透和激活卵细胞启动发育的能力。

早在 1911 年，赫特威氏就第一个成功地人工消除了精子染色体的活性。他在两栖类研究中，利用辐射能对精子进行处理时发现：在适当的高辐射剂量下，能导致精子染色体完全失活，精子虽然能穿入卵细胞内，却只能起到激活卵细胞启动发育的作用，而不能和卵细胞结合，所以精子在这里只是起到了刺激卵细胞发育的作用，成为科学家手中的牺牲品。

我国卓越的胚胎生物学家朱洗，利用针刺注血法，在癞蛤蟆离体产出的无膜卵细胞上，进行了人工单性发育的研究，并获得世界上第一批没有“外祖父的癞蛤蟆个体”，证明了人工单性生殖的子裔是能够传宗接代的。

凡雌核生殖的个体，都具有纯母系的单倍体染色体。因此，雌核生殖的生命力，依赖于卵细胞染色体的二倍体化。在一些天然的雌核生殖过程中，是由于卵母细胞的进一步成熟分裂通常受到限制，染色体数目减半受阻，而使雌核生殖个

拓展阅读

二倍体

凡是由受精卵发育而来，且体细胞中含有两个染色体组的生物个体，均称为二倍体。可用 $2n$ 表示。人和几乎全部的高等动物，还有一半以上的高等植物都是二倍体。

体成为二倍体。所以人为地阻止卵母细胞分裂，均有可能使雌核二倍体化发育。

雌核生殖的鉴别：经人工或自然诱导的雌核生殖个体，经过一定的鉴定，以证明它确属雌核生殖的个体。换句话说，应证明精子在胚胎发育中确实没有在遗传方面做出贡献。鉴别雌核生殖的个体，通常以颜色、形态和生化等方面的指标为根据。通过细胞学的研究，无疑更能精确地判别雌核生殖。若是雌核生殖，其囊胚细胞中只出现一套来自雌核的染色体。否则，雌核和雄核染色体各占二分之一，得到的是杂交种。近年来，还运用了遗传标志的方法，来鉴别雌核生殖的二倍体化。

雌核生殖具有产生单性种群的能力。在同型雌性配子的品种中，雌核生殖产生的所有后代，都应该是雌性个体（XX）；而在异型雌性配子（X 或 Y）的品种中，雌核生殖的后代，可能是雌性个体，也可能是雄性个体。

雌核生殖的研究，自 20 世纪初以来，虽有某些方面的突破，但从目前的研究状况来看，不能不说它的进展还是比较缓慢的。造成这一局面的原因之一，可能与人工雌核生殖后裔的成活率较低有关。从研究过的一些鱼中，发现雌核生殖子代，多数于幼体阶段死亡。如雌核生殖的鲫鱼，在胚胎发育的前两周内，出现大量外观上畸形的个体，因此，总的存活率只有 50% 左右。从目前来看，除仓鼠外，其他哺乳动物尚无雌核生殖成功的实例，还需要进一步研究。

总之，雌核生殖的研究，尚存在许多薄弱环节，有待进一步解决。尽管如此，近年来国内外在这方面的研究仍取得不少成就。在人工诱导雌核生殖的鱼中，获得了能够正常受精的雌性个体，并成功地得到了人工雌核生殖的第二代和第三代。我国在鲤鱼等品种上，在人工诱导雌核生殖和建立纯系方面也已获得成功。所以说，人工雌核生殖的技术和方法正在不断发展和日臻完善，预计作为细胞工科学手段之一，将有可能对解决遗传改良和生殖控制等关键性问题做出贡献，而在按照人们的意愿改造和创新生命的进程中，将具有毋庸置疑的作用。

有性生殖

有性生殖，由亲本产生的有性生殖细胞（配子），经过两性生殖细胞（例如精子和卵细胞）的结合，成为受精卵，再由受精卵发育成为新的个体的生殖方式。

有性生殖是通过生殖细胞结合的生殖方式。通常生物的生活周期中包括二倍体时期与单倍体时期的交替。二倍体细胞借减数分裂产生单倍体细胞（雌雄配子或卵和精子）；单倍体细胞通过受精（核融合）形成新的二倍体细胞。这种有配子融合过程的有性生殖称为融合生殖。某些生物的配子可不经融合而单独发育为新个体，称单性生殖。

知识小链接

单倍体

染色体倍性是指细胞内同源染色体的数目，其中只有一组的称为“单套”或“单倍体”。需要注意的是，单倍体与一倍体（体细胞含一个染色体组的个体）有区别。有的单倍体生物的体细胞中不只含有一个染色体组。绝大多数生物为二倍体生物，其单倍体的体细胞中含一个染色体组，如果原物种本身为多倍体，那么它的单倍体的体细胞中含有的染色体组数一定多于一个。如四倍体水稻的单倍体含两个染色体组，六倍体小麦的单倍体含三个染色体组。

（1）有性生殖的起源

有性生殖发生的直接证据，最早见于澳大利亚中部的苦泉燧石中，在这里发现了植物减数分裂产生的四分孢子的化石。岩石的年龄约为 10 亿年，估计有性生殖实际出现还要早些，约在真核生物产生后不久。从动、植物生殖细胞的形成过程中均有复杂的减数分裂来看，有性生殖应起源于动、植物分化前，但这还只是一种推测。

（2）生物学意义

有性生殖中基因组合的广泛变异能增加子代适应自然选择的能力。有性生殖产生的后代中随机组合的基因对物种可能有利，也可能不利，但至少会增加少数个体在难以预料和不断变化的环境中存活的机会，从而对物种有利。

> 广角镜
>
> **孢 子**
>
> 孢子是生物所产生的一种有繁殖或休眠作用的细胞，能直接发育成新个体。孢子一般微小，单细胞。由于它的性状不同，发生过程和结构的差异而有种种名称。生物通过无性生殖产生的孢子叫“无性孢子”，通过有性生殖产生的孢子叫“有性孢子”，直接由营养细胞通过细胞壁加厚和积贮养料而能抵抗不良环境条件的孢子叫“厚垣孢子”、“休眠孢子”等。孢子有性别差异时，两性孢子有同型和异型之分。前者大小相同；后者在大小上有区别，分别称大、小孢子，并分别发育成雌、雄配子体，这在高等植物较为多见。

有性生殖还能够促进有利突变在种群中的传播。如果一个物种有两个个体在不同的位点上发生了有利突变，在无性生殖的种群内，这两个突变体必将竞争，直到一个消灭为止，无法同时保留这两个有利的突变。但在有性生殖的种群内，通过交配与重组，可以使这两个有利的突变同时进入同一个体的基因组中，并且同时在种群中传播。

此外进行有性生殖的物种其生活周期中都有二倍体的阶段。二倍体的物种每一基因都有两份，有一份在机能上处于备用状态。如果这个备用的基因发生突变，成为有新的功能的基因，但此时新功能还是潜在的。通过自发的重复和有性生殖中的遗传重组，这个新基因可与原有基因先后排列，这样便产生一个新的基因。二倍体物种可以用这样的方法使其基因组不断丰富。

由于上述原因，有性生殖加速了进化的进程。在地球上生物进化的30余亿年中，前20余亿年生命停留在无性生殖阶段，进化缓慢，后10亿年左右进化速度明显加快。除了地球环境的变化（例如含氧大气的出现等）外，有性生殖的发生与发展也是一个主要的原因。现存150余万种生物中，从细菌到高等动植物，能进行有性生殖的种类占98%以上，就说明了这一点。

有性生殖既包括动物，也包括植物，本书以动物为例来介绍有性生殖方式。

◎ 有性生殖的主要方式

单细胞生物有性生殖由个体直接进行，称接合生殖；多细胞生物及单细胞生物的群体则由特化的单倍体细胞，即配子，进行融合生殖或单性生殖。

1. 接合生殖

（1）细菌的接合生殖：两个菌体通过暂时形成的原生质桥单向地转移遗传信息。供体（雄体的部分染色体）可以转移到受体（雌体）的细胞中并导致基因重组。这是最原始的接合生殖。

（2）原生动物的接合生殖：多见于纤毛虫类，按接合的双方，即接合子的形态又可分为两类：

①同配接合：接合子的形态相同。接合时双方暂时融合，小核在减数分裂后进行交换，相互受精后分开，如尾草履虫。接合双方紧靠在一起，口部融合，然后大核消失小核分裂两次，成 4 个，其中 3 个退化，一个再经一次分裂成为一个动核和一个静核。此时接合个体互相交换动核，然后静核与换来的动核融合。接着虫体分开，每个个体的融合核分裂 3 次形成 8 个核，其中 4 个成大核，3 个退化。此后大核不分裂，剩下的小核与虫体同时分裂两次而成为 4 个新的子体。

②异配接合：见于缘毛目类纤毛虫。在进行接合生殖前，虫体先经一次不均等分裂，除小核外大核和虫体都分成大小两部分，成为大接合子和小接合子，前者固着，后者自由游泳。小接合子找到大接

趣味点击　草履虫

草履虫是一种身体很小，圆筒形的原生动物，它只有一个细胞构成，是单细胞动物，雌雄同体。最常见的是尾草履虫。体长只有 180 ~ 280 微米。它和变形虫的寿命最短，以小时来计算，寿命时间为一昼夜左右。因为它身体形状从平面角度看上去像一只倒放的草鞋底而叫作草履虫。

合子后即牢固附着在其上开始接合。在接合过程中，合子核只在大接合子中形成，小接合子为大接合子吸收，如钟虫。

2. 配子生殖

配子是由营养个体所产生的生殖细胞，需两两配合后才能继续其生活史，如果在一定时间内找不到适当的配子便死亡。按配子的大小、形状和性表现可分为3种类型：

（1）同配生殖：配子的形态和机能完全相同，没有性的区分。例如衣藻属中的大多数种类。

（2）异配生殖有两种类型：

①生理的异配生殖，参加结合的配子形态上并无区别，但交配型不同，在相同交配型的配子间不发生结合，只有不同交配型的配子才能结合，且具有种的特异性。如衣藻属中的少数种类。这是异配生殖中最原始的类型。

②形态的异配生殖，参加结合的配子形状相同，但大小和性表现不同。大的不大活泼，为雌配子，小的活泼，为雄配子，这说明已开始了性在形态上的分化。

配子生殖的进化趋势是由同配到异配，最后发展为卵配生殖。

（3）卵配生殖是分化显著的异配生殖，普遍分布在生物界，从团藻到高等动植物。在原生动物和单细胞植物中，所有个体或营养细胞都可能直接转变为配子或产生配子，而在高等动物中，生殖细胞是由特殊的性腺产生的。

◎ 动物的有性生殖

动物的有性生殖根据胚胎发育方式的不同一般分为卵生、胎生、卵胎生3种不同的方式的。下文我们就重点介绍一下这三种方式。

卵　生

动物的受精卵在母体外独立发育的过程叫卵生。卵生的特点是在胚胎发育中，全靠卵自身所含的卵黄作为营养。

卵生在动物中很普遍。卵生的物种有：蛙类、昆虫、爬虫类、海马、鸭嘴兽、珍鼹等。

知识小链接

辐　射

辐射有实意和虚意两种理解。实意可以指热、光、声、电磁波等物质向四周传播的一种状态。虚意可以指从中心向各个方向沿直线延伸的特性。辐射本身是中性词，但是某些物质的辐射可能会有危害。

卵生过程，卵生动物把卵或受精卵排出体外，或掩埋土沙中（如蝗虫、龟、某些蛇类等），或留树皮空隙中（如蝉），或水域中（如鱼、蛙等），然后借太阳的辐射热发育孵化成幼虫或幼体。下面我们以鸡为例来讲述一下卵生的过程。

蝉

鸡是人类饲养最普遍的家禽。家鸡源出于野生的原鸡，其驯化历史至少 4000 年，但直到 1800 年前后鸡肉和鸡蛋才成为大量生产的商品。

鸡的孵化过程：

鸡属鸟类，鸟类与哺乳动物胚胎发育不同，受精卵（种蛋）排出母体后完全依赖外界环境条件继续发育。第 1 ~ 4 天为内部器官发育阶段；5 ~ 14 天为外部器官形成阶段；15 ~ 19 天为胚胎生长阶段；20 ~ 21 天为出壳阶段。在整个孵化过程中，温度，湿度，通风换气与翻蛋等外界条件将是保证胚胎正常发育，并使孵化获得成功的关键因素。

（1）温度：温度是孵化过程的首要条件，发育中的鸡胚对温度最敏感，只有在适宜的温度下，才能保证鸡胚的正常生长发育和物质代谢。所以正确地掌握孵化温度是提高孵化率的关键。在 1 ~ 18 天中孵化的最适温度是

鸡

37.5℃～38.6℃；19～21天则应稍低于此温度，是36.1℃～37.5℃。如果温度过高胚胎发育迅速，孵化期缩短，胚胎死亡增加。温度过低则会延长种蛋的孵化时间，同时胚胎发育迟缓并带来死亡。

（2）湿度：水是温度的良导体，空气中的湿度对鸡胚胎发育有很大作用。一般要求1～18天相对湿度40%～60%；19～21天相对湿度65%～75%。若湿度过高会妨碍蛋内水分蒸发，使胚胎发育所产生的大量代谢水不能及时排出，严重时可导致胚胎发育不正常。若湿度过低，将加速蛋内水分蒸发，造成失水过多，阻碍代谢废物的排出及所需氧气的摄入。易引起胚胎和壳膜粘连。

（3）通风换气：通风换气的主要目的是帮助胚蛋中的胚胎与外界进行气体交换和热能交换，同时调节机体内的温度。

胚胎发育过程中需要不断地吸入氧气，排出二氧化碳气和水分。孵化初期，胚胎需要少量氧气可通过酶的作用从蛋黄中获得，而后利用气室的空气，再后则利用尿囊循环与蛋壳上的气孔同外界进行气体交换，19天后胚胎开始用肺呼吸。随着胚龄的增加，胚胎的气体交换量也不断增加。因此除胚胎发育初期外，胚胎的气体交换都是由通风换气解决。

通风换气还与温度、湿度有密切的关系。通风良好时，空气能充分流通还能与外界不断地进行热能交换。温度、相对湿度都可保证。

翻蛋：翻蛋的主要作用是改变胚胎方位，促进羊膜运动，防止胚胎、蛋黄、蛋白与蛋壳之间粘连。胚蛋放置位置必须适当，在1～18天进行定时翻蛋，每2小时翻蛋一次，翻蛋角度以90度为宜。

种蛋孵化到18天时，将种蛋移到出雏盘上叫落盘。这时胚胎发育完成，在20～21天时开始出壳。出壳时胚胎已经完全长成雏鸡。这时雏鸡的头位于气室中（即鸡蛋的大头部分），健壮的雏鸡先把蛋壳啄开一个小孔，然后慢慢地将小孔向两侧扩大，直至破壳到一半以上时，雏鸡的头便可脱壳而出，而后身体也逐渐自行挣脱出来。

特殊的卵生哺乳动物——鸭嘴兽

鸭嘴兽是澳大利亚特有的非常特殊单孔目动物。它的嘴和脚像鸭子，尾部像海狸，是世界上仅有的两种生蛋的哺乳动物之一。

鸭嘴兽生长在河、溪的岸边，它的大多时间都在水里，它的皮毛有油脂能保持它身体在较冷的水中仍保持温暖。在水中游泳时它是闭着眼的，靠电信号及其触觉敏感的鸭嘴寻找在河床底的食物。它以软体虫及小鱼虾为食。

广角镜

电信号

电信号是指随着时间而变化的电压或电流，因此在数学描述上可将它表示为时间的函数，并可画出其波形。

鸭嘴兽生殖是在它的岸边所挖的长隧道内进行的。它一次可最多生 3 个蛋。6 个月后的小鸭嘴兽就得学会独立生活，自己到河床底觅食了。

鸭嘴兽长约 40 厘米，全身裹着柔软褐色的浓密短毛，脑颅与针鼹相比较小，大脑呈半球状，光滑无回。四肢很短，五趾具钩爪，趾间有薄膜似的蹼，酷似鸭足，在行走或挖掘时，蹼反方向褶于掌部。喙部扁平，形似鸭嘴，嘴内有宽的角质牙龈，但没有牙齿，尾大而扁平，占体长的 1/4，在水里游泳时起着舵的作用。

鸭嘴兽

母体虽然也分泌乳汁哺育幼仔成长，但却不是胎生而是卵生。即由母体产卵，像鸟类一样靠母体的温度孵化。母体没有乳房和乳头，在腹部两侧分泌乳汁，幼仔就伏在母兽腹部上舔食。

幼体有齿，但成体牙床无齿，而由能不断生长的角质板所代替，板的前方咬合面形成许多隆起的横脊，用以压碎贝类、螺类等软体动物的壳，或剁碎其他食物，后方角质板呈平面状，与板相对的扁平小舌有辅助的“咀嚼”作用。

鸭嘴兽在水中追逐交尾，卵似乌龟蛋状。小鸭嘴兽孵化出世后，靠母乳喂养 4 个月方能自己外出觅食。鸭嘴兽的生物钟是颠倒的，它们惯于白天睡觉，夜晚活动。

鸭嘴兽能潜泳，常把窝建造在沼泽或河流的岸边，洞口开在水下，包括山涧、死水或污浊的河流、湖泊和池塘。它在岸上挖洞作为隐蔽所，洞穴与毗邻的水域相通。它是水底觅食者，取食时潜入水底，每次大约有一分钟潜水期，用嘴探索泥里的贝类、蠕虫及甲壳类小动物以及昆虫幼虫和其他多种动物性食物和一些植物。鸭嘴兽分布在澳大利亚东南部及塔斯马尼亚岛，是现存最原始的哺乳动物，是形成高等哺乳动物的进化环节，在动物进化上有很大的科学研究价值。

卵胎生

动物的卵在体内受精、体内发育的一种生殖形式。受精卵虽在母体内发育成新个体，但胚体与母体在结构及生理功能的关系并不密切。胚胎发育所需营养主要靠吸收卵自身的卵黄，胚体也可与母体输卵管进行一些物质交换。这是动物对不良环境的长期适应形成的繁殖方式，实际母体对胚胎主要起保护和孵化作用。

动物的受精卵在母体内发育成新的个体后才从母体产出。但其发育时所需营养，仍依靠卵自身所贮存的卵黄，与母体没有物质交换关系，或只在胚胎发育的后期才与母体进行气体交换和有很少营养的联系。它是介于卵生

你知道吗

输卵管

人的输卵管为一对细长而弯曲的管，位于子宫阔韧带的上缘，内侧与宫角相连通，外端游离，与卵巢接近，全长为 8～14cm。

蝮 蛇

和胎生之间的情况。锥齿鲨、星鲨、某些毒蛇（如蝮蛇、海蛇）和胎生蜥、铜石龙蜥等均为卵胎生动物。

在动物的有性生殖过程中，其所产生的新个体虽不是卵而是幼体形态，但在母体内则备有作胚胎营养的卵黄，胚胎的发育并不直接依赖母体的营养，只不过是卵在母体内发育、孵化，这和哺乳类靠与母体间组织联系而获取营养的真正胎生是有区别的，所以称这种生殖为卵胎生。蝮蛇、田螺和一些鱼类都是卵胎生。不过在鱼类也有通过其他方式靠母体营养而发育的，这也是一种真正的胎生形式。例如海鲫类，是在卵巢内进行受精、发育、孵化，而仔鱼是在卵巢腔中，经过体上皮和鳃孔摄取卵巢组织所供给的营养。此外，在鲨类和鳐类，其开始发育是依靠卵黄营养，但待卵黄耗尽时，便通过卵黄囊与输卵管下部的所谓子宫（内壁生有许多绒毛）发生联系，接受来自母体的营养，表现出与哺乳类真正胎生相似的状态。此外在体内受精方面，有的在产卵前已于母体内进行了一定程度的发育（如鸟类），也可称为广义的卵胎生。

知识小链接

子 宫

人的子宫是产生月经和孕育胎儿的器官，位于骨盆腔中央，在膀胱与直肠之间。子宫大小与年龄及生育有关，未产者约长7.5cm、宽5cm、厚3cm，子宫可分为底、体与颈三个部分。宫腔呈倒置三角形，深约6cm，上方两角为“子宫角”，通向输卵管。

（1）卵胎生物种

行卵胎生的动物有部分的鲨、孔雀鱼和大肚鱼等。例如，一些毒蛇的卵一直怀在妈妈的肚里，小蛇在母亲的腹中孵化后才产出，由于小蛇的营养来自于卵而非来自于胎盘，所以称之为卵胎生。

（2）卵胎生过程

卵胎生动物的受精卵则停留在母体的生殖道内，借卵本身的卵黄质发育成幼体，一旦成熟，母体的生殖道收缩将幼体连同卵膜排出体外。所以，卵胎生动物的胚胎受到母体的适当保护，孵化存活率比卵生者较有保障。

（3）卵胎生意义

卵胎生对于采用这种生殖方式的动物，如前所述，改善了胚胎和幼体的发育环境，使孵化存活率比卵生者较有保障。此外，卵胎生是动物进化过程中由卵生到胎生的一种过渡形式，为进化论提供了又一个活生生的证据。

胎　生

动物的受精卵在动物体内的子宫里发育的过程叫胎生。胚胎发育所需要的营养可以从母体获得，直至出生时为止。胚胎在发育时通过胎盘吸取母体血液中的营养物质和氧，同时把代谢废物送入母体。胎儿在母体子宫内发育完成后直接产出。

基本小知识

胚　胎

胚胎是专指有性生殖而言，是指雄性生殖细胞和雌性生殖细胞结合成为合子之后，经过多次细胞分裂和细胞分化后形成的有发育成生物成体的能力的雏体。一般来说，卵子在受精后的两周内称孕卵或受精卵；受精后的第 3 ~ 8 周称为胚胎。

（1）胎生物种

哺乳类：老虎、狮子、豹子、狼、狐狸、兔子、猫、狗、蝙蝠、海豹、海狗、海豚、狒狒、穿山甲、食蚁兽、海獭、人等。

（2）胎生过程

胎生动物的受精卵一般都很微小，少卵黄质。在母体的输卵管上端完成受精，然后发育成早期胚，并下降到子宫，此后就埋入母体的子宫内壁，借胎盘和母体联系，吸收母体血液中的营养及氧气，把二氧化碳及废物交送母体血液排除。待胎儿成熟，子宫收缩把幼体排出体外，形成一个独立的新生命。哺乳类动物中除鸭嘴兽、针鼹是卵生外，其他的都是胎生动物。

海　豚

（3）胎生意义

胎生和哺乳，保证了后代较高的成活率。胎生为发育的胚胎提供了保护、营养以及稳定的恒温发育条件，能保证酶活动和代谢活动的正常进行，最大程度降低外界环境条件对胚胎发育的不利影响。

人类的生殖

◎女性生殖系统

女性内生殖器指生殖器官的内脏部分，包括阴道、子宫、输卵管及卵巢。

（1）阴道

阴道位于真骨盆下部的中央，为性交器官及月经血排出与胎儿娩出的通道。阴道是一条前后略扁的肌性管道，上端包围子宫颈，环绕子宫颈周围的部分称阴道穹窿，可分为前、后、左、右四部分，后穹窿较深，其顶端即子宫直肠陷凹，是腹腔的最低位置，后穹隆部是性交后精液积聚的主要部位，并称之为阴道池，有利于精子进入子宫腔。阴道下端开口于阴道前庭后部，前壁与膀胱和尿道相邻，后壁与直肠贴近，即阴道在膀胱、尿道与直肠之间。

（2）子宫

子宫位于骨盆腔中央，呈倒置的梨形，前面扁平，后面稍突出，成年的子宫长7～8cm，宽4～5cm，厚2～3cm，子宫腔容量约5毫升。子宫上部较宽，称子宫体，其上端隆起突出的部分，叫子宫底，子宫底两侧为子宫角，与输卵管相通。子宫的下部较窄，呈圆柱状，称子宫颈。

子宫为一个空腔器官，腔内覆盖有黏膜，称子宫内膜，从青春期到更年期，子宫内膜受卵巢激素的影响，有周期性的变化并产生月经。性交时，子宫为精子到达输卵管的通道。受孕后，子宫为胚胎发育、成长的场所。分娩时，子宫收缩，使胎儿及其附属物娩出。

> **广角镜**
>
> **卵　巢**
>
> 卵巢是雌性动物的生殖器官。卵巢的功能是产生卵以及类固醇激素。呈葡萄状，均为处于不同发育时期的卵泡，卵泡呈黄色，卵巢表面密布血管。卵巢的大小与年龄和产卵期有关。

（3）输卵管

输卵管为一对细长而弯曲的管道，左右各一，位于子宫两侧，内侧与子宫角相通连，外端游离，而与卵巢接近，全长8～14cm。输卵管为卵子与精子相遇的场所，受精后的孕卵由输卵管向子宫腔运行。

输卵管黏膜受女性激素的影响，也有周期性的组织学变化，但不如子宫内膜明显。此外，在排卵期间，输卵管液中糖原含量迅速增加，从而为精子提供足够的能量。

（4）卵巢

卵巢为一对扁椭圆形的性腺器官，其主要作用是产生卵子和激素，从而使女子具备正常的生理特征和生育能力。

◎ 男性生殖系统

男性生殖系统包括内生殖器和外生殖器两个部分。

内生殖器由生殖腺（睾丸）、输精管道（附睾、输精管、射精管和尿道）和附属腺（精囊腺、前列腺、尿道球腺）组成。

外生殖器包括阴囊和阴茎。

1. 生殖腺（睾丸）

睾丸位于阴囊内，左右各一。扁椭圆体，分上下端，内外侧面，前后缘。表面包被致密结缔组织叫白膜。在睾丸后缘，白膜增厚并突入睾丸实质内形成放射状的小隔，把睾丸实质分隔成许多锥体形的睾丸小叶，每个小叶内含1～4条生精小管。生精小管之间的结缔组织内有间质细胞，可分泌男性激素。生精小管在睾丸小叶的尖端处汇合成直细精管再互相交织成网，最后在睾丸后缘发出10多条输出小管进入附睾。

睾丸功能：睾丸具有产生精子和分泌雄性激素的双重功能。

知识小链接

附　睾

附睾，在睾丸的上端和后缘，附睾管长4～5米，构成体部和尾部。助于精子的成熟。

2. 附睾、输精管、射精管和精索

（1）附睾

附睾紧贴睾丸的上端和后缘。头部由输出小管组成，输出小管的末端连接一条附睾管。

功能：①为精子生长成熟提供营养：附睾管壁上皮分泌物——某些激素、酶、特异物质——为精子生长提供营养；②贮存精子：精子在此贮存、发育成熟并具有活力。

（2）输精管

输精管长约50厘米，呈紧硬圆索状。输精管行程较长，从阴囊到外部皮下，再通过腹股沟管入腹腔和盆腔，在膀胱底的后面精囊腺的内侧，膨大形成输精管壶腹，其末端变细，与精囊腺的排泄管合成射精管。

（3）射精管

射精管长约2厘米，穿前列腺实质，开口于尿道前列腺部。

（4）精索

精索是一对扁圆形索条，由睾丸上端延至腹股沟管内口。它由输精管、睾丸动脉、蔓状静脉丛、神经丛、淋巴管及外包3层筋膜构成。

3. 附属腺

（1）精囊腺：扁椭圆形囊状器官，位于膀胱底之后，输精管壶腹的外侧，其排泄管与输精管末端合成射精管。

（2）前列腺：①呈栗子形，位于膀胱底和尿生殖膈之间，分底、体、尖。体后面有一纵行浅沟为前列腺沟，内部有尿道穿过。②功能：分泌一种含较多草酸盐和酸性磷酸酶的乳状碱性液体，称为前列腺液。其作用是可以中和射精后精子遇到的酸性液体，从而保证精子的活动和受精能力。前列腺液是精浆的重要成分，约占精浆的20%。③内分泌作用：将睾丸产生的雄激素睾酮转变为活性更强的双氢睾酮。

（3）尿道球腺：是埋藏在尿生殖膈内，豌豆形，开口于尿道海绵体部的起始部。功能：分泌蛋清样碱性液体，排入尿道球部，参与精液组成。

4. 外生殖器

（1）阴囊是由皮肤构成的囊。皮下组织内含有稀疏的平滑肌纤维和致密结缔组织以及弹性纤维，叫肉膜，肉膜在正中线上形成阴囊中隔将两侧睾丸和附睾隔开。阴囊内温度低于体温，对精子发育和生存有重要意义。

（2）阴茎可分为阴茎头、阴茎体和阴茎根三部分，头体部间有环形冠状沟。

5. 男性尿道

男性尿道既是排尿路又是排精管道。

◎生殖过程

生物要传宗接代，就必须进行生殖，多数高等生物的生殖均是有性生殖，即由来自父方的一个细胞——精子，和来自母方的另一个细胞——卵子结合之后形成受精卵，然后逐渐发育成一个小个体。

精　子

精子是男性成熟的生殖细胞。精子的产生部位是睾丸，它是由许多小管构成的器官，精子是由精原细胞发育而来的，这些细胞位于曲精管的基膜上，不断地进行有丝分裂，有的细胞会进入初级精母细胞时期。初级精母细胞经过一段时期的静止之后开始生长增大，进入减数分裂阶段，第一次分裂往往经历很长时间，染色体形状发生一系列变化，最后同源染色体分离，染色体数目减半，形成两个细胞称为次级精母细胞，这种细胞存在时间很短，很快就分裂成精子细胞，精子细胞经过一系列变化就形成成熟的精子。

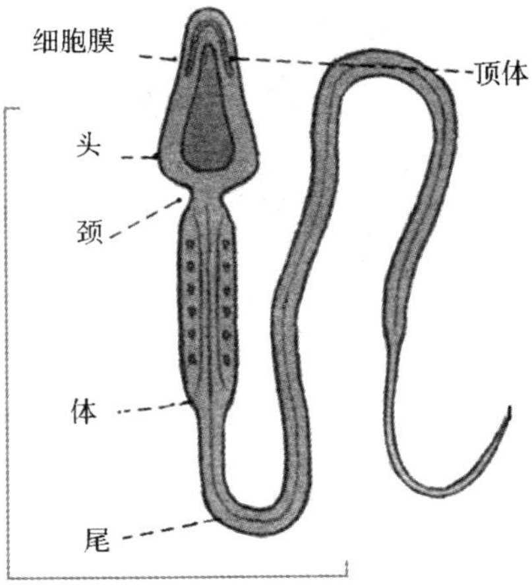

精　子

精子像一条尾巴极长的蝌蚪，由头部、颈部和尾部三部分构成。头部由细胞核和顶体构成，核主要是染色体，顶体则是一种和精子入卵有关的细胞器；颈部很短，有两个中心粒，起着连接尾部和头部的作用。尾部极长，是精子的运动器。

你知道吗

顶　体

精子头的顶端特化的小泡，叫作顶体，它是由高尔基体小泡发育而来。顶体含有各种水解酶类，包括酸性磷酸酶、蛋白水解酶、透明质酸酶等，实际上，顶体是一种特化的溶酶体。

卵　子

对人类的繁衍而言，必不可少的要数卵子了。卵子是人体最大的细胞，也是女性独有的细胞，是产生新生命的母细胞。

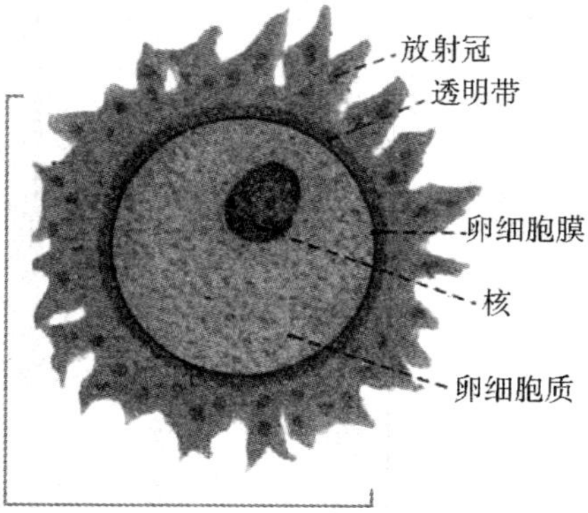

卵 子

卵子是由我们通常所说的女性性腺——卵巢产生的，直径约为 0.2 毫米。卵巢的主要功能除分泌女性必需的性激素外，就是产生卵子。在性成熟以前，卵巢中有许多卵原细胞，和其他细胞混在一起。进入成熟期之后，卵原细胞发育成初级卵母细胞，卵母细胞包裹在原始卵泡中，在性激素的影响下，每月只有 1 个原始卵泡成熟，成熟的卵子再从卵巢排出到腹腔。一般来讲，女性一生成熟的卵子为 300～400 个，其余的卵母细胞便自生自灭了。

一个卵子排出后约可存活 48 小时，在这 48 小时内等待着与精子相遇、结合。若卵子排出后由于多种原因不能与精子相遇形成受精卵，便在48～72 小时后自然死亡。失去这次受精的机会，就要等到 1 个月后另一个卵子成熟并被排出，重复同样的过程。左右两个卵巢通常是轮流排卵，少数情况下能同时排出两个或两个以上的卵子。如果分别与精子相结合，就出现了双卵双胞胎和多卵多胞胎。

受 精

精卵相会就是形成受精卵。这个过程就是受精的过程。

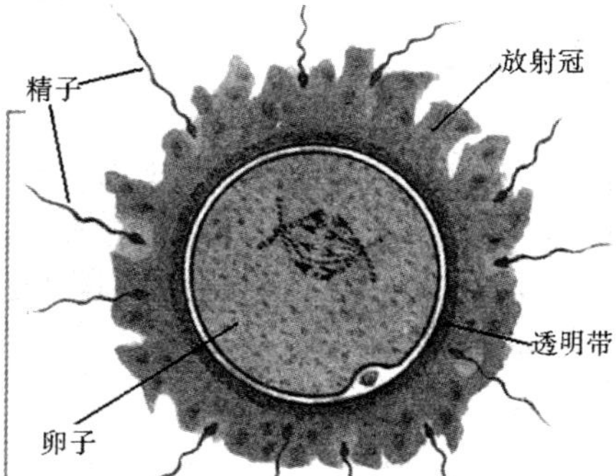

受 精

正常的受精过程由两个方面的因素决定：①精子获得穿过卵子细胞外面层层防护的能力；②卵子获得受精后启动发育的能力。精子在雄性系统的成熟过程伴随着一系列的有利于受精的形态结构的变化。这些特征性的结构包括：精子有一条长长尾巴，能够驱使精子向卵子的接近，为精子的前进提供能量；精子的轻装前进策略，丢掉了一些不必要的累赘，形成了小而长的流线型体型；精子内部贮存的打开卵子大门的工具——各种水解酶类。

受精的过程就像是一场精子与卵子之间展开的战役。精子为攻方，卵子为守方。精子要攻破卵子这个堡垒实在是不容易，因为卵子的外面设置了层层防护的措施：第一道防护层是卵泡细胞，它是卵子的卫兵，称它为放射冠；第二层防护是卵子的“城墙”，叫它为透明带；第三层防护便是城墙与卵子之间的一个环绕着卵子的“大峡谷”，称为卵周隙。

那么，精子是怎样攻克卵子这一堡垒的呢？首先是精子采取以多胜少的战术。进攻一个卵子就动用上亿的兵力。由于精子招募的兵力大多都是新兵，因此需要先学会打仗的本领，强化战前的意识，这种精子获得受精能力的过程称为获能。这一过程非常关键，如果没有，精子就会缺乏受精能力，卵子也就不会受精。一切准备就绪后亿万大军浩浩荡荡地向卵子进军，先是将卵子的卫兵冲散，接着便到了防护墙。精子便拿出了前面所说的打开卵子大门的工具——各种水解酶。这些酶就好像炸弹一样将卵子的第二层防护——透明带炸开。经过这两关，精子已损伤无数，大部分失去了作战的能力，只有少部分还在顽强作战。最后的一关便是飞跃“大峡谷”。然而这一关却很少有精子能闯过。当精子中最勇敢的一个跃过第三道防线时，卵子的机构开始发生反应，即把卵周隙加宽，这样后面的精子再也不能靠近卵子了，被隔到了外面。剩余的这些精子由于长途的劳累和饥饿而死掉。穿过“大峡谷”——卵周隙的那个精子则与卵子结合，完成后天的个体构建。

知识小链接

水解酶

蛋白水解酶是催化水解反应的一类酶的总称（如胰蛋白酶就是水解多肽链的一种水解酶），也可以说它们是一类特殊的转移酶，用水作为被转移基团的受体。

卵裂和发育

受精几十小时之后，受精卵开始进行分裂，先分裂成一大一小，然后大的先分裂，成为3个分裂球，有点像我国《道德经》所说的：“一生二，二生三。”此后小的再分裂，当分裂到16个细胞时，称为桑葚胚，细胞团中间出现裂腔，一部分细胞逐渐变为扁平，围在腔周围，称为滋胚层，另一部分仍聚集成团，称为内胚团。当桑葚胚增至100个细胞时称为胚泡。

拓展阅读

着 床

着床是胎生哺乳类动物的早期胚胎和母体子宫壁结合，从而建立母子间结构上的联系以实现物质交换的过程。着床后的胚胎摄取母体血液营养继续发育。着床是母子双方有准备，相互配合的结合过程。

此时，母体子宫已做好准备工作，内膜开始增厚，当胚泡从输卵管移至子宫时，能分泌一种酶将内膜溶解去一部分，使胚泡穿入内膜，此过程称为着床。

着床之后，滋胚层将和子宫内膜共同形成一圆盘状结构，称为胎盘，其作用是供给胚胎发育所需的养料和排除废物。

内细胞团则将发育成胎儿，经历原肠期，神经胚期，尾芽期，受精约1个月后形成全部体节，进入变态期，受精2个月后就已初步具备人的模样，即进入胎儿期，此后再经过200多天的发育形成婴儿，一个新的小生命就呱呱落地。

◎试管婴儿——辅助生殖技术

试管婴儿就是采用人工方法让卵细胞和精子在体外授精，并进行早期胚胎发育，然后移植到母体子宫内发育而诞生的婴儿。对于患有输卵管堵塞等疾病的妻子，可以通过手术直接从卵巢内取出成熟的卵细胞。然后在试管里将丈夫的精子混合，让他们在体外结合成受精卵。对于精子少或精子活动能力弱的丈夫，则可通过一枚极其微细的魄力吸管，从他的精液中选出健壮的精子，把它直接注入卵细胞中，形成受精卵。受精卵在体外形成早期胚胎后，就可以移入妻子的子宫了。如果妻子的子宫有疾病，还可将早期胚胎移入自愿做代孕母亲的女性子宫内，这样生出的小宝宝就有了两个母亲，一位是给了他遗传基因的母亲，一位是给了他血肉之躯的母亲。当然，生物科学技术在造福人类的同时，也会给人类带来一些道德和伦理方面的难题，这是应当引起大家关注的。

“试管婴儿”是伴随体外授精技术的发展而来的，最初由英国妇产科医生帕特里克·斯特普托和生理学家罗伯特·爱德华兹合作研究成功的。“试管婴儿”一诞生就引起了世界科学界的轰动，甚至被称为人类生殖技术的一大创举，也为治疗不孕不育症开辟了新的途径。

试管婴儿

1944 年，美国人洛克和门金首次进行这方面的尝试。世界上第一个试管婴儿布朗·路易丝于 1978 年 7 月 25 日 23 时 47 分在英国的奥尔德姆市医院诞生，此后该项研究发展极为迅速，到 1981 年已扩展到 10 多个国家。

先进的生殖医学研究已将人类生殖的自我控制推向新的极限——第一代试管婴儿技术，解决的是因女性因素引致的不孕；第二代试管婴儿技术，解决因男性因素引致的不育问题；而第三代试管婴儿技术所取得的突破是革命性的，它从生物遗传学的角度，帮助人类选择生育最健康的后代，为有遗传病的未来父母提供生育健康孩子的机会。

遗　传

SHENGMING DE YANXU
SHENGZHI YU YICHUAN

人类的基因有如大厦的砖石，是我们为人之根本。随着科技的发展，人类在遗传和基因方面的研究越来越深入，这章不仅对上述问题作了详细的阐释，而且用全方位的视角和先进的理念呈现了人类在遗传与基因科学方面取得的最新研究成果。

遗传学的发展史

我国劳动人民很早就注意到“种瓜得瓜，种豆得豆”的遗传现象。但是，由于长期的封建统治和迷信思想的影响，严重地阻碍了遗传科学的发展。世界其他各国情况也差不多，直到19世纪以前，没有人对遗传变异进行过系统周密的研究，人们对于遗传的认识，长期停留在感性阶段。

随着资本主义的发展，农牧业生产中人们对改良农作物品种和家畜家禽品种有了更为迫切的要求。动植物的育种工作亟须有遗传学的知识作为指导。显微镜的发现和有性生殖机制的阐明推动了遗传研究的发展。1694年，卡默拉里斯发现，植物的繁殖和动物一样，也具有有性过程。1760年，德国植物学家科尔鲁特进行了第一次植物杂交试验，他用两种烟草进行杂交，证明花粉粒对于产生种子具有重要作用，而且亲本性状可以通过花粉粒和胚珠而遗传。1785年，意大利人斯帕拉扎尼用实验证明了精子是卵发育的发动者，肯定了动物雄性细胞（精子）对于雌性细胞（卵）发育的作用。

18世纪和19世纪，在欧洲许多国家广泛开展了动植物的杂交育种。通过动植物的有性杂交，人们得出一种认识，以为杂交后代的性状是双亲性状的混合，好像两种金属融化为一种合金，两瓶不同颜色的墨水混成一种颜色一样。有的人还用红花紫茉莉和白花紫茉莉杂交子代开桃红色的花、蓝花苜蓿与黄花苜蓿杂交后代开绿色的花这样的例子来论证“混合遗传”。这种混合遗传观念在相当长一段时间占统治地位，直到现在人们所说的“混血儿”还含有“混合遗传”的意味。然而，事实上哪有一个孩子是由父母的血液混合而成的呢?

后来，达尔文的堂兄弟高尔登在混合遗传的基础上提出了“祖先遗传律”的学说。他认为孩子的遗传性一半来自父母，四分之一来自祖父母和外祖父母，八分之一来自曾祖父母和外曾祖父母。这样往前推去，他的理论说明，祖先越远，遗传上的影响就越小，但只要有血统关系，不管多么远，总会有一定影响。虽然他的理论纯属推论性质，没有实验证据，但是已经比原有的纯感性认识进了一步。

对遗传和变异的系统研究是从 19 世纪法国的拉马克和英国的达尔文开始的。

拉马克（1744—1829 年），是一个生物进化论的先驱者。他对生物的遗传变异做了大量观察和推理，得出了“器官用进废退”和“获得性遗传”的结论。所谓“用进废退”，就是说器官有用则进一步发达，不用则逐渐退化。好比长跑健将，他的下肢肌肉就很发达，经常不运动的人，他的下肢肌肉会逐渐萎缩。而这样的变异——获得性，按照拉马克的说法，是可以遗传的。他举了若干例子来论证获得性的遗传，其中最著名的是关于长颈鹿的起源问题。拉马克认为，长颈鹿这种动物之所以产生，是由于它们短腿短颈的祖先在许多个世纪中生活在干燥无草的地区，生活的需要迫使它们不得不觅食树上的叶子，因而产生了伸腿伸颈的行为，经过许多个世纪，使腿和颈不断伸长，最后形成了长颈鹿。

知识小链接

遗传变异

遗传变异，同一基因库中，生物体之间呈现差别的定量描述。在 DNA 水平上的差异称“分子变异”。遗传与变异，是生物界不断地普遍发生的现象，也是物种形成和生物进化的基础。

拉马克的理论有其正确合理的部分，也有幼稚和不成熟的地方。拉马克作为一个科学的进化论者，他的理论对于当时的“特创论”（即上帝创造生物和人类的理论）是一个有力的打击。

达尔文在拉马克的基础上，对生物的遗传变异做了更为广泛的大量研究，并在《物种起源》一书中提出了他的“进化论”。

达尔文注意到变异的普遍性。这是与他多年环球考察的科学实践分不开的。他认为变异有大有小。他重视微小的变异，认为这是自然选择的材料，

达尔文

也注意到显著的变异，例如短腿的安康羊以及植物的芽变，但他认为这类变异比较少，在进化上不太重要。他还认为变异不仅见于外部形态，也见于内部构造和生理特性，不仅见于有性繁殖的生物，也见于无性繁殖的生物。

关于变异的原因，达尔文认为主要是由于生活条件的改变。生活条件既可直接作用于生物体或某些器官，也可间接影响生殖器官，无论是直接影响或间接影响，都可引起生物的变异。

达尔文接受了拉马克用进废退的观点，认为器官的用与不用会导致变异。他举出乳用牛比非乳用牛的乳房发达来说明用进废退的道理。

达尔文认为，环境条件引起生物当代或后代的变异有一定变异和不定变异两类。所谓一定变异，就是一切个体或多数个体均按同样的方式产生一样的变异，即方向是一定的。例如气候可以影响皮肤的色泽、毛的厚度和密度。所谓不定变异，就是生物在若干世代相似的条件下同类各个体之间产生不同的变异，这些变异方向不定，区别明显，例如各种突变（安康羊、哈巴狗、果树的芽变等）。他认为不定变异比一定变异要普遍，不定变异也是生物进化的材料。

达尔文还根据有机体各部分相互关系的科学事实，提出了相关变异和延续变异的规律。所谓相关变异，就是生物体一个部分或一种器官发生变异，其他有关部分或器官也会相应发生变异。长腿的动物必定有长颈，例如长颈鹿、马、驴、白鹤、鹭鸶等。鸟的喙长其舌必定也长。达尔文认为，如果引起变异的条件在后代继续发生作用，变异就会在后代加强起来，向着同一方向发生变异。例如，当园丁发现某一种花上多生了一两个花瓣，他就有可能由此培育出重瓣花。

关于遗传问题，达尔文认为遗传是生物的一种特性。变异有遗传的，也有不遗传的，能遗传的变异广泛存在。他认为遗传是生物的保守性，克服保守性比较困难，改变生活条件不一定能很快发生影响，但是经过多代影响也能引起变异。

达尔文也接受了拉马克获得性遗传的理论，至于获得性为什么遗传，达尔文提出了一种假说——“泛生说”来解释。

所谓“泛生说”，是说生物体各个部分都有一种代表这部分的胚芽或微粒，如果生物体为适应环境发生变异，那么这些微粒也相应发生改变。这些微粒随着血液循环，最后汇集到生殖细胞里，所以生殖细胞含有身体各部分的性质，由此形成的受精卵，则包括了父母双方的性质。当受精卵发育成生物体时，各种微粒就纷纷到达有关部分发生作用，因此后代发育起来的性状就跟亲代一样。达尔文用这样的假说圆满地解释了生物的遗传机制、获得性遗传及个体发育等问题。但可惜的是，细胞学的发展并不支持这种假说，因为血液里找不出这样的胚芽或微粒，假说虽然很漂亮，但毕竟只是一个假说。

达尔文对遗传变异的研究比起他的前辈大大地前进了一步，但是对于遗传变异的实质和规律并未能真正揭发。达尔文自己也说：“遗传的法则是不可思议的，这是未来科学的事情。”

1892 年德国的魏斯曼提出了“种质说”，否定了达尔文的泛生说。魏斯曼认为，生物体可

广角镜

受精卵

精子与卵子在输卵管里奇迹般地会合后，形成一个受精卵，生命开始了。卵子受精后，分裂为两个细胞，大约每隔 12 小时分裂一次。这团细胞从输卵管进入子宫时，分泌出液体，于是膨胀成一个空心球，叫作胚泡。这个空心球在几天内会变成两层，球内含有微量液体，细胞团堆在球的一侧。球壁以后会变成胎盘和羊膜，里面的细胞则会变成胎儿。受精卵靠输卵管的收缩来到子宫，输卵管内壁的许多纤毛，不断推动管内的液体，对输送受精卵也起辅助作用。一般在排卵后 4 天左右受精卵到达子宫腔，约在卵子脱离卵胞的第九天，胚胎钻进子宫内膜，发育长大。

以分为体质和种质两部分。种质在生物体内是独立的、连续的，种质能够产生种质和体质，而体质不能产生种质。种质的变异可以引起遗传性的变异，而环境条件只能引起体质的变异。体质的变异即获得性是不遗传的。他认为生殖细胞里的染色体就是种质。种质说和泛生说具有本质上的不同。魏斯曼的理论和实验引起很大的反响，使得当时的生物界分成了两大派别。一派是以魏斯曼为首的新达尔文主义，认为获得性不能遗传，另一派是以英国的斯宾塞为首的新拉马克主义，主张获得性能够遗传。

但是，所有这些派别以及他们的实验研究都没能揭示遗传的基本规律。1856 年奥地利生物学家孟德尔以豌豆为材料，经过 8 年辛苦的试验，终于发现了生物遗传的基本规律，即显性原理、分离定律，自由组合（独立分配）定律。这些规律在 1900 年被欧洲另外 3 名学者戏剧性地重新发现以后，整个遗传学从此面目一新，得到突飞猛进的发展，涌现了许许多多卓越的遗传学家，如英国的贝特森，荷兰的德伏里斯，丹麦的约翰逊，美国的摩尔根等。尤其是摩尔根等人，以果蝇做材料，通过大量研究，不仅证实了孟德尔的遗传定律，而且进一步发现了生物遗传的连锁和交换定律，并结合当时细胞学的成就提出了基因学说，创立了细胞遗传学。基因学说接受了魏斯曼种质论中的合理部分，认为种质是连续的，种质是遗传的物质基础，种质就是染色体上的基因，基因是遗传的基本单位，在染色体上直线排列，有高度的稳定性，能自我复制，

趣味点击　基因突变

基因突变是指基因组 DNA 分子发生的突然的、可遗传的变异现象。从分子水平上看，基因突变是指基因在结构上发生碱基对组成或排列顺序的改变。基因虽然十分稳定，能在细胞分裂时精确地复制自己，但这种稳定性是相对的。在一定的条件下基因也可以从原来的存在形式突然改变成另一种新的存在形式，就是在一个位点上，突然出现了一个新基因，代替了原有基因，这个基因叫作突变基因。于是后代的表现中也就突然地出现祖先从未有的新性状。

基因也会发生变化，但这种变化是方向不定的突变，突变也不是由一般生活条件变化引起的，基因突变是生物进化的原因。

摩尔根的基因论，本质上不同于达尔文的泛生说，而与魏斯曼的种质说基本一致。所不同的是，魏斯曼认为只有生殖细胞中的染色体才是种质，而摩尔根认为一切细胞里的染色体都是种质，不然的话对于无性繁殖从体细胞产生后代就不能解释。事实上也是这样，不论是生殖细胞还是体细胞，其染色体都具有高度的稳定性、连续性和自我复制能力。因此，魏斯曼把生物体分为种质和体质是有见地的，但他把种质局限于生殖细胞是不对的。

从 20 世纪初到 20 世纪 50 年代，遗传学家们主要是从细胞水平研究生物的遗传和变异。到 1953 年，华特生和克里克用 X 光衍射法研究遗传物质 DNA（去氧核糖核酸）的结构，提出了 DNA 的双螺旋结构模式，这标志着遗传学的研究已从细胞水平进入到分子水平，意味着分子遗传学的诞生。

分子生物学和分子遗传学的诞生为遗传学研究开辟了广阔的道路，现代遗传工程学就是在分子生物学和分子遗传学的基础上发展起来的一门崭新学科，它为人类按照自己的意愿定向改造生物的遗传性提供了可能。

从 1910 年到现在遗传学的发展大致可以分为三个时期：细胞遗传学时期、微生物遗传学时期和分子遗传学时期。

（1）细胞遗传学时期

大致是 1910—1940 年，可从美国遗传学家和发育生物学家摩尔根在 1910 年发表关于果蝇的性连锁遗传开始，到 1941 年美国遗传学家比德尔和美国生物化学家塔特姆发表关于链孢霉的营养缺陷型方面的研究结果为止。

这一时期通过对遗传学规律和染色体行为的研究确立了遗传的染色体学说。摩尔根在 1926 年发表的《基因论》和英国细胞遗传学家达林顿在 1932 年发表的《细胞学的最新成就》两书是这一时期的代表性著作。这一时期中虽然在 1927 年由美国遗传学家米勒和 1928 年斯塔德勒分别在动植物中发现了 X 射线的诱变作用，可是对于基因突变机制的研究并没有进展。基因作用机制研究的重要成果则几乎只限于动植物色素的遗传研究方面。

（2）微生物遗传学时期

大致是1940—1960年，从1941年比德尔和塔特姆发表关于链孢霉属中的研究结果开始，到1960—1961年法国分子遗传学家雅各布和莫诺发表关于大肠杆菌的操纵子学说为止。

在这一时期中，采用微生物作为材料研究基因的原初作用、精细结构、化学本质、突变机制以及细菌的基因重组、基因调控等，取得了以往在高等动植物研究中难以取得的成果，从而丰富了遗传学的基础理论。1900—1910年人们只认识到孟德尔定律广泛适用于高等动植物，微生物遗传学时期的工作成就则使人们认识到遗传学的基本规律适用于包括人和噬菌体在内的一切生物。

（3）分子遗传学时期

从1953年美国分子生物学家沃森和英国分子生物学家克里克提出DNA的双螺旋模型开始，但是，20世纪50年代只在DNA分子结构和复制方面取得了一些成就，而遗传密码、mRNA、tRNA、核糖体的功能等则几乎都是20世纪60年代才得以初步阐明。

分子遗传学是在微生物遗传学和生物化学的基础上发展起来的。分子遗传学的基础研究工作都以微生物，特别是以大肠杆菌和它的噬菌体作为研究材料完成的；它的一些重要概念如基因和蛋白质的线性对应关系、基因调控等也都来自微生物遗传学的研究。分子遗传学在原核生物领域取得上述许多成就后，才逐渐在真核生物方面开展起来。

正像细胞遗传学研究推动了群体遗传学和进化遗传学的发展一样，分子遗传学也推动了其他

你知道吗

核糖体

核糖体是细胞器的一种，为椭球形的粒状小体，是存在于胞质中一种颗粒物质。1955年科学家在动物细胞中也看到同样的颗粒，进一步研究了这些颗粒的化学成分和结构。1958年科学家根据化学成分命名为核糖核蛋白体，简称核糖体，又称核蛋白体。核糖体除哺乳类成熟的红细胞外，一切活细胞（真核细胞、原核细胞）中均有，它是进行蛋白质合成的重要细胞器，在快速增殖、分泌功能旺盛的细胞中尤其多。

遗传学分支学科的发展。遗传工程是在细菌质粒和噬菌体以及限制性内切酶研究的基础上发展起来的，它不但可以应用于工、农、医各个方面，而且还进一步推进分子遗传学和其他遗传学分支学科的研究。

免疫学在医学上极为重要，已有相当长的历史。按照一个基因一种酶假设，一个生物为什么能产生无数种类的免疫球蛋白，这本身就是一个分子遗传学问题。自从澳大利亚免疫学家伯内特在 1959 年提出了克隆选择学说以后，免疫机制便吸引了许多遗传学家的注意。目前免疫遗传学既是遗传学中比较活跃的领域之一，也是分子遗传学的活跃领域之一。

知识小链接

免疫球蛋白

免疫球蛋白指具有抗体活性的动物蛋白。主要存在于血浆中，也见于其他体液、组织和一些分泌液中。人血浆内的免疫球蛋白大多数存在于丙种球蛋白（γ－球蛋白）中。

在分子遗传学时代另外两个迅速发展的遗传学分支是人类遗传学和体细胞遗传学。自从采用了微生物遗传学研究的手段后，遗传学研究可以不通过生殖细胞而通过离体培养的体细胞进行，人类遗传学的研究才得以迅速发展。不论研究的对象是什么，凡是采用组织培养之类方法进行的遗传学研究都属于体细胞遗传学。人类遗传学的研究一方面广泛采用体细胞遗传学方法，另一方面也愈来愈多地应用分子遗传学方法，例如采用遗传工程的方法来建立人的基因文库并从中分离特定基因进行研究等。

遗传的规律

这是一个真实的关于基因遗传的故事。

19 世纪中叶，葡萄牙水手约瑟芬告别了水手生涯，登上加利福尼亚海岸，加入淘金者的行列，开始了他在美国的新生活。几年后，他果然发了财，买了一块牧场，雄心勃勃地干起自己的事业来。正当他刚刚迈入成功的征途时，巨大的不幸落在了他的头上。他突然得了一种不治之症，口齿不清，四肢无力，严重时手脚痉挛，虽多方求医，无人能治，45 岁便遗憾地告别了人生。

更严重的是，病魔并不单单眷顾约瑟芬本人，而是在他的家族中长久地停留下来。约瑟芬的后代中，每一代都有人患上那种奇怪的病而死去。他们自己也不清楚究竟是误吃了什么东西还是冒犯了什么神灵。直到 100 年后的 20 世纪 80 年代，美国遗传学家调查了近百名约瑟芬家族的成员，才揭开了这个谜——老约瑟芬留给他们的遗产，除了那块肥沃的牧场外，还有他那种不治之症！一条由血缘结成的特殊纽带——遗传基因，把这个家族成员的生理命运连在了一起。“种豆得豆，种瓜得瓜”的生命遗传法则，在神秘的约瑟芬家族病史得到了验证。

基本小知识

密码子

密码子是信使 RNA 分子中每相邻的 3 个核苷酸编成一组，在蛋白质合成时，代表某一种氨基酸。科学家已经发现，信使 RNA 在细胞中能决定蛋白质分子中的氨基酸种类和排列次序。也就是说，信使 RNA 分子中的四种核苷酸（碱基）的序列能决定蛋白质分子中的 20 种氨基酸的序列。信使 RNA 分子上的三个碱基能决定一个氨基酸。

双螺旋结构模型的建立和遗传信息传递中心法则的提出，使人们认识到遗传基因是细胞内染色体上 DNA 分子长链上的某一个片段，它含有特定的遗传信息，是遗传物质的最小功能单位。遗传信息的传递，一条途径是 DNA 的自我复制，另一条途径是由信使 RNA 携带，在蛋白质的构成中得到表达。我们知道，mRNA 有 4 种碱基，每 3 个一组，被科学家称为一个密码子。4 种碱基，三三组合，可以有 64 种组合方式，即 mRNA 大分子上载有 64 种密码子。每个密码子与一个氨基酸相对应，由于 64 种密码子中有一些是相同的，实际只有20种不同的密码子。这样DNA大分子上的20种密码子就决定了构成蛋白质的20种氨基酸的排列。因此，这64个碱基组就被称之为遗传密码，后面对此将做较为详细的介绍。到1966年，科学家已经将构成蛋白质的20种氨基酸的密码全部破译出来了。如AAC是天冬酰胺的密码，GAG是谷氨酸的密码，GGG是甘氨酸的密码，AGA是精氨酸的密码……至此，遗传的奥秘可以说终于被揭开了。

从细菌到人类，都是由基因所携带的遗传密码在性状的遗传上起着决定性的作用。所谓遗传，是指亲代（上代）的形态特征、生理特征、代谢类型和行为本能等遗传性状传给子代（下代）的一种生命现象，它是生命活动的基本特征之一。千百年来，无论是动物还是植物，高等还是低等，复杂还是简单，都表现出子代和亲代之间的相似或类同。同时，由于基因所带的信息千差万别，所以生物界才如此丰富多彩，才会出现种瓜得瓜、种豆得豆的现象。我们的头发应该何时变白脱落？皮肤何时出现衰老征兆？生命能持续多久？如果抛开外界影响，生命本身的内部信息就密锁在基因之中。

在正常情况下，基因的遗传作用带给每个人一个正常的身体。基因不仅控制着机体最终长成的样子，而且在发育过程中，还控制着在什么时候、什么部位长出什么器官，从而保证人体的正常发育。基因不仅控制着人体构造，而且也控制着人体的生理功能。例如，科学家已经识别出控制人的学习和记忆能力的基因。这种神奇的基因遗传不仅作用在最高级的生物体——人的身体上，而且也作用在其他所有的生物体上。

基因控制着生物的性状甚

拓展阅读

白血病

白血病是一类造血干细胞异常的克隆性恶性疾病。其克隆中的白血病细胞失去进一步分化成熟的能力而停滞在细胞发育的不同阶段。在骨髓和其他造血组织中白血病细胞大量增生积聚并浸润其他器官和组织，同时使正常造血受抑制，临床表现为贫血、出血、感染及各器官浸润症状。

至寿命，但基因也不是一成不变的，它受细胞内部、外部环境的影响，也可能发生突变。动植物和人的遗传病，都是由于基因突变所致。人的色盲、白化病、糖尿病、有些贫血症都属于基因突变的遗传病。约瑟芬家族的怪病，根源也在基因之中。据报道，每500名美国黑人中，就有一个患有镰刀型细胞贫血症。科学家研究发现，这类患者血红蛋白分子上，由于一个RNA密码子发生了改变，即GAG变成了GUG，实际上只是一个碱基A变成了U，在合成蛋白质时，使一个氨基酸发生了变化，成了遗传病患者。这种病人，在供氧不足时，他的红细胞就会由正常的圆盘形变成镰刀形，甚至红细胞会破裂，造成贫血，严重时会导致死亡。

遗传就是这样让人哭笑不得，它既能把美好的外观、种类的性状传给下一代，又能把不治之症的巨大痛苦传下来。那么，这种世代间普遍的遗传现象是怎么实现的呢？遗传基因所包含的特定信息是怎样被传递的呢？人类苦苦思索，不断探求，终于发现了孟德尔第一遗传规律——分离定律；孟德尔第二遗传规律——自由组合定律；摩尔根第三遗传规律——连锁与互换定律，它们一起成为经典遗传学的三大定律。

基本小知识

色 盲

色盲是一种先天性色觉障碍疾病。色觉障碍有多种类型，最常见的是红绿色盲。根据三原色学说，可见光谱内任何颜色都可由红、绿、蓝三色组成。如能辨认三原色都为正常人，三种原色均不能辨认都称全色盲。辨认任何一种颜色的能力降低者称色弱，主要有红色弱和绿色弱，还有蓝黄色弱。如有一种原色不能辨认都称二色视，主要为红色盲与绿色盲。

◎遗传学第一定律：分离定律

孟德尔于1822年出生在一个叫海森道夫的小镇。这个小镇当时属于奥地利，现属捷克。孟德尔出生的村庄素有“多瑙河之花”的美称，村里人都爱

孟德尔

好园艺。孟德尔自小受到这种环境的熏陶，接受植物栽培、管理等方面的知识和训练。

1833年，孟德尔远离家乡只身去外地上中学。那时他的家境日益窘迫，一天三餐难以保证，孟德尔过着半饥半饱的日子，因长期营养不良，他积劳成疾，1839年得了一场重病，病势日益加重，无奈被迫回家养病。即使这样，他仍然坚持读完了中学。1840年，孟德尔考入奥尔米茨大学哲学学院，主要攻读德国古典哲学。1843年毕业后，迫于当时的艰苦生活，孟德尔成为布隆修道院的教士。

1847年，孟德尔升任该修道院的神父。1851—1853年，经过好心的修道院院长的推荐，他进入维也纳大学学习。在此阶段，孟德尔珍惜时间，如饥如渴地刻苦学习，在基础知识和基本操作等方面打下了坚实的基础。同时，维也纳大学中许多学者的广博知识和科学思想方法对孟德尔以后在遗传学研究上的突破，也产生了深刻的影响。

1854年，孟德尔回到了家乡，继续在修道院任职。此间他还当过中等学校的代理教员，从事教育工作达14年之久，教过数学、物理学、博物学等。他在当神父、当中学代理教员期间，利用业余时间进行科学实验，自己钻研，对多方面的科学问题如天文、气象、园艺、养蜂等都进行过研究。他最著名的是进行了长达8年的豌豆杂交试验。

1868年，他被选为修道院院长。1883年，孟德尔心脏病突发，从此卧病在床，一蹶不振。次年1月6日，这位默默无闻但出类拔萃的科学家不幸去世。

孟德尔最持久、成果最突出的研究是进行了长达12年的植物杂交的试验，他做实验的物种有20种之多，如豌豆、菜豆、玉米、紫茉莉、水杨梅、山柳菊、毛蕊花、金鱼草、耧斗菜、鼠类、蜜蜂等。其中以豌豆杂交实验最为有名。他提出的分离定律就是在进行了8年的豌豆杂交工作的基础上归纳出来的。他仔细检查了数以万计的豌豆植株，从7对相对性状连续各代的表现观察对比、统计分析，从大量的数据中揭示了两个重要的遗传规律：分离规律和自由组合规律。

豌 豆

读者会问，为什么选择豌豆呢？这是因为豌豆有许多优点适于做植物杂交实验。首先，豌豆的生育期较短且易栽培；其次，豌豆有许多品种，在植株高度、花色、种皮颜色等性状上都能非常稳定地遗传给下一代，因此，把它们区别开来是很方便的；再次，豌豆通常是严格自花授粉的植物，自花授粉不易受外来花粉的干扰；最后，豌豆的花很大，易于人工授粉杂交，把豌豆的花瓣切下来就能看到里面的雄蕊和雌蕊。雄蕊成熟后能释放大量的花粉粒（雄性生殖细胞），中间是雌蕊（柱头和子房），因此，只要把花中的雄蕊去掉就能进行植物杂交实验了。

趣味点击　自花授粉

自花授粉是指一株植物的花粉，对同一个体的雌蕊进行授粉的现象。在两性花的植物中，又可分为同一花的雄蕊与雌蕊间进行授粉的同花授粉（菜豆属）和在一个花序（个体）中不同花间进行授粉的邻花授粉，以及同株不同花间进行授粉的同株异花授粉。被子植物大多为异花授粉，少数为自花授粉。高粱就是以自花授粉为主。

孟德尔仔细观察了豌豆的7对差别鲜明的性状：

（1）花的颜色：红色和白色；

（2）种子的形状：圆形和皱形；

（3）子叶的颜色：黄色和绿色；

（4）花着生的位置：腋（即枝杈）生和顶生；

（5）成熟的豆荚形状：膨大和萎缩；

（6）未成熟的豆荚颜色：绿色和黄色；

（7）植株的整体：高和矮。

豌豆的花色、高度，这些都是性状。花色的红与白，植株的高与矮，这种同一性状的不同表现类型叫作相对性状。

我们来看看孟德尔的试验过程和试验结果。

首先，对具有上述单个的相对性状的亲代（或称亲一代）进行杂交，7组相对性状分别做了7次杂交。结果所有杂交产生的下一代（称为子一代）都只表现一个亲代的性状。例如，开红色花的植株与开白色花的植株杂交后，子一代总是清一色的红花；子叶是黄色的植株与子叶是绿色的植株杂交，子一代总是清一色的具有黄色子叶的性状。

这就提出一个问题，为什么在杂交的子一代中有一个亲代的性状隐藏起来销声匿迹了呢？它是不是永远消失了呢？孟德尔决定做子二代的实验来回答这个问题。所谓子二代就是用子一代进行杂交所得到的下一代。

结果奇迹出现了！在子二代中，祖父祖母（亲一代）的性状都出现了。孟德尔通过分类统计发现它们还有一定的比例。例如，亲一代分别具有红花或白花的性状，则子二代中有705个是开红花的，224个是开白花的，两者的比例是3∶1。在子一代中“消失”了的亲代的白花性状在子二代中又重现了，读者想一想，这说明了什么？这说明它实际上并没有消失，而是以被遮蔽的状态隐藏起来了。

例如，用红花豌豆与白花豌豆杂交，也就是说亲一代杂交

你知道吗

性状分离

性状分离是具有一对相对性状的亲本杂交，F_1 全部个体都表现显性性状，F_1 自交，F_2 个体大部分表现显性性状，小部分表现隐性性状的现象。例如，以纯种开红花的豌豆与开白花的豌豆杂交，杂种一代（F_1）的全部植株都是开红花的。让 F_1 植株进行自花传粉，得到 F_2 个体，其中约有3/4个体开红花，约有1/4个体开白花。这种在杂种后代中显出不同性状（如开红花和开白花）的现象，就叫作性状分离。分离出来的就是隐性性状。

（亲一代可以用符号 P 来表示）产生子一代，子一代（符号为 F_1）全是红花豌豆，如果让子一代 F_1 植株自交（自花授粉），得到的后代即子二代（符号为 F_2）。F_2 是 F_1 个体自体受精或 F_1 个体互相交配所产生的子代，F_2 有红花的，也有白花的，出现性状分离，我们从下图来看这个杂交过程和结果。

亲本 P：红花 P × 白花 P

↓

子一代 F_1：红花 F_1 × 红花 F_1

↓

子二代 F_2：红花 F_2（$\frac{3}{4}$）＋白花 F_2（$\frac{1}{4}$）

（×代表杂交）

孟德尔把红色花与白色花这一对性状分别称为显性性状和隐性性状。在豌豆的其他 6 对相对性状的杂交实验中，也都分别得到同样的结果：子一代 F_1 只表现一个亲本的性状，而所有的子二代 F_2 都毫不例外地呈现了亲一代的显性性状与隐性性状的 3∶1 分离比。

这种情况怎样解释？为什么总是 3∶1 呢？而不是其他比例，造成这个现象的原因是什么呢？孟德尔提出一个假设。他认为，豌豆的性状是由遗传因子控制的。每对相对性状是由细胞中相对的遗传因子所控制，我们可以用大写字母来表示显性遗传因子，用小写字母来表示隐性遗传因子，例如用 C 表示豌豆的红花控制遗传因子，用 c 表示豌豆的白花控制遗传因子。遗传因子 CC 的植株表现为红花，遗传因子 cc 的植株表现为白花，那么遗传因子 Cc 的植株表现为什么颜色呢，由于 C 为显性遗传因子，c 为隐性遗传因子，两个搁在一起，显性遗传因子就压过了隐性遗传因子的作用，从而遗传因子 Cc 的植株就表现为红花。这样，

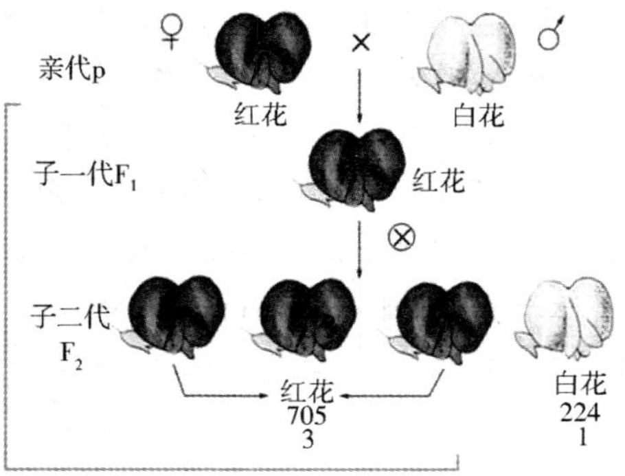

孟德尔的豌豆杂交实验

孟德尔就将生物遗传的过程用数学表达式进行了数学抽象。

他是怎样进行数学抽象的呢？我们用上面的那个例子来形象地表示这个过程和结果。

读者不难看出，这实际上就是（C+c）自乘的结果，就是二项式的展开系列，即（C+c）·（C+c）=CC+2Cc+cc，也就是 $(c+c)^2=CC+2Cc+cc$。

孟德尔认为，遗传因子在体细胞中成对存在，这成对的遗传因子，一个来自父本，一个来自母本。在形成配子时，成对的遗传因子彼此分离，分配到不同的配子中去，每个配子只具有成对遗传因子中间的一个。杂种子一代的体细胞内的遗传因子是杂合的（Cc），但它们彼此独立存在，互不干涉，只表现显性遗传因子所控制的性状。到杂种子二代，由于显、隐性遗传因子的分离，由隐性遗传因子控制的隐性性状又表现出来，并通过组合形成显、隐性性状呈现一定的比例。

趣味点击　**显性遗传**

显性遗传受显性基因控制，在同源染色体上，两个同型显性基因成对存在，或显性、隐性基因成等位基因存在时，才显现出来。这种遗传方式就称为显性遗传。

为了验证这个假设，孟德尔设计了一个巧妙的验证方法，即测交。所谓测交，就是把杂种一代与隐性亲本再进行交配。我们还用上面的豌豆花的颜色遗传的例子来说明。用子一代 F_1 与隐性亲本，即白花豌豆再进行杂交。如果上述的假设成立，那么测交子代应该得到红花豌豆和白花豌豆两种类型，且其比例应该为 1∶1，从而证明 F_1 的遗传因子在形成配子时发生了分离结果。结果证明了孟德尔的假设。测交的后代中，红花和白花的比例就是1∶1。

这个实验就叫测交实验，孟德尔提出的测交检验法，现在被广泛应用。

后来，1909 年，丹麦遗传学家约翰逊把孟德尔的遗传因子称为基因。CC 和 cc 两个基因相同，叫纯合体（或纯合子），Cc 叫杂合体（或杂合子）。合子就是成对的孟德尔遗传因子的意思。CC、cc 和 Cc 叫基因型，它们表现出来的性状，如红花、白花叫表现型。

知识小链接

纯合子

纯合子（纯合体，同型综合子，同型结合体）是指同一位点上的两个等位基因相同的基因型个体，即遗传因子组成相同。相同的纯合子间交配所生后代不出现性状的分离。

表现型变化幅度很大，常常依赖于环境的改变而改变。例如，高的植株可以由于土壤的贫瘠、光照的不足等等不利因素而长成矮的植株。基因型是生物体一切遗传内容（基因）的总和。基因型是表现型的抽象，它是看不见摸不着的，即便是在现代科学条件下人们也仍然不能看到基因的内部结构，但是，基因型能从性状在遗传学实验中的表现来推知。一般说，基因型是稳定的，不易因为环境的变化而改变。

基因型和表现型两者既有区别也有联系。表现型是基因型和环境相互作用的结果，是受精卵通过个体发育而逐渐形成的性状。基因型是表现型的基础，是表现型的根据。两者也有不一致的地方，如表现型是红花的豌豆植株，它的基因型可以是纯种的 CC，也可以是杂种的 Cc。究竟这种表现型属于哪一种基因型，要从这个表现型栽培的“家史”中去调查研究，也可以把它和隐性植株杂交来测定。

结合我们前面所谈到的染色体减数分裂，我们就不难理解分离定律了。基因处在染色体上，染色体复制，由一条复制为两条，其上的基因也复制为二。在减数分裂过程中，同源染色体彼此分离，同源染色体上的成对遗传因子如 Aa 也随之而彼此分离。这成对的遗传因子 Aa 在遗传学上称为等位基因，因为 A 和 a 这两个基因处在同源染色体的对等位置上。由于在减数分裂过程中同源染色体分离，其上的等位基因也随之而分离，这就是分离规律的机理。

为了更清楚地说明分离规律，我们需要仔细解释一下什么是等位基因。等位基因这个遗传术语是贝特森创造的，所谓等位基因，就是控制着相对性状的一对基因。它们一个来自父亲，一个来自母亲。现在已经知道基因在染色体上，大部分生物都有两套形状和大小完全相同的染色体，等位基因就是在这两套染色体上所占的位置完全一样的相对的基因。一般来说，等位基因的一个基因控制显性性状，另外一个控制隐性性状。孟德尔所观察的相对性状，如红花与白花、圆粒种子与皱粒种子、高植株与矮植株，都是由一对等位基因所控制着的。所以等位基因就是一对矛盾，有人认为这是生物界的基本矛盾。

等位基因存在于染色体上，成双存在。在形成配子时，配对存在的同源染色体，一个来自父本，一个来自母本，在减数分裂过程中能彼此分离，分配到配子中去，在配子中染色体成单存在，因此每个配子只分配到每对同源染色体之一。这样，等位基因也彼此分离，分配到配子中去，在配子中成单存在。当雌雄配子受精结合，同源染色体又恢复成双存在，而等位基因也就重新配对，并构成新的基因型及表现型。

对于人来说，也受分离规律支配。例如，人的一种隐性遗传病，全身性白化症，基因型 aa 就表现白化症，杂合体 Aa 虽携带有致病基因，但表现正常。如果近亲结婚 Aa × Aa，则发病的几率大为增加。而非近亲结婚，即 AA × Aa，其后代都是正常的。

在动物中，也普遍存在着性状分离现象。例如，豚鼠的毛色有黑色的，也有白色的。如果让纯种的黑色豚鼠和白色豚鼠杂交，F_1 都表现黑色；如果 F_1 的雌雄个体互相交配，产生的 F_2 代，有黑色个体和白色个体两种，其比例为 3 黑∶1 白。说明黑色是显性，白色是隐性，符合一对遗传因子的遗传规律。

孟德尔的分离规律后来被许多科学家所证实，在动物、植物、微生物，包括人在内，普遍存在着性状分离现象。如动物毛色的黑与白、有角与无角；植物果实的长与圆、抗病与不抗病；人的褐色眼与蓝色眼、头发的曲与直，等等。

我们现在可以总结一下分离定律了，这条定律可以用一句话来概括，就是：在生物遗传中，成对的遗传因子在形成配子时彼此分离，相互不发生影响。这个定律又被称为孟德尔第一定律，或者遗传学第一定律。

另外，人们发现分离规律也存在几种例外情况，这就是不完全显性、等显性、超显性，等等。所谓不完全显性是指这样一种情况，将显性遗传因子的生物与隐性遗传因子的生物杂交，其子一代的表现型介于显性和隐性之间，所以也叫半显性遗传。典型的例子是红白金鱼草花色的遗传。红花品种与白花品种杂交，其 F_1 代植株都开粉红色花，介于两亲本之间，F_2 代有红花、粉红色花、白花 3 种植株，其比例为 1∶2∶1。

基本小知识

等显性

一对等位基因的两个成员队性状的控制都独立地起作用，从而决定其所控制的形状在杂合体中得到表现，这种现象称为等显性，也叫并显性或共显性。

外国有学者采用豌豆的花期进行了遗传试验，他们发现 AA 和 aa 植株杂交，F_1 杂合体 Aa 的花期介于两亲本之间。AA 的花期为 5 天，aa 的花期为 0 天，则 Aa 的花期为 3. 7 天。这是一个典型的不完全显性的例子。

所谓等显性是指在 F_1 杂种中，两个亲本的性状都表现出来的现象，如有人用红毛牛（RR）与白毛牛（rr）杂交，F_1 的牛（Re）呈现为浅红灰色，但仔细看，则是红毛和白毛混杂在一起，所以是一种等显性。

前面谈到的等位基因都是一对一对的。如果等位基因在两个以上，就叫复等位基因。复等位基因是指在一个基因位点上，不只有两个基因，而是有两个以上，甚至有几十个。复等位基因的符号是用一个字母作为该基因位点的基本符号，不同的等位基因就在这个字母的右上方做不同的标记，基本符号字母的大、小写，表示该基因的显、隐性。

人的 ABO 血型就是由一组复等位基因决定的，即 I^A、I^B、I^O 3 个基因。对每个人来说，只能具有其中的两个基因，但在人的群体里则有 3 个。基因 I^A 为控制 A 血型的基因，基因 I^B 控制 B 血型，基因 I^O 控制 O 血型，I^A 和 I^B 都为 I^O 的显性。I^A 和 I^B 为共同显性，它们谁也压不了谁，二者相遇都表现出遗传效应。复等位基因的遗传规律是按基因分离规律而遗传的。ABO 血型的遗传表现，只要记住这3个基因的显、隐关系，根据基因分离，什么血型和什么血型的人结婚，他们的子女可能是什么血型，不可能是什么血型，便一目了然。例如A型血的人和A型血的人结婚，他们的子女只有两种可能的血型，即A型或O型。

O型血人和O型血人结婚，其子女只能是O型血。A型血的人和B型血的人结婚，其子女A型、B型、AB型、O型四种血型都有可能。掌握血型的遗传规律，不但能说出什么血型的人结婚，他们的子女的可能血型，而且也能由子女的血型反推他们父母的可能血型和不可能的血型。血型是比较稳定的，人的血型一生不变，你生下来是什么血型，这一辈子就是什么血型了。

所谓超显性是指杂合体（Bb）的性状表现超过纯显性（BB）的现象。例如，果蝇杂合体白眼（Ww）的荧光色素的量超过白眼纯合体（WW）。

还需要指出的是，在生物的性状表现中，不只受基因的控制，也受环境的左右。任何性状的表现都是基因型和内外环境条件相互作用的结果。生物不能脱离环境而生存，脱离环境条件就活不了，当然也谈不到性状的表现。表现型＝基因型＋环境，就是这个意思。

◎遗传学第二定律：自由组合定律

不难看出，遗传学第一定律，即分离定律所解释的是一对相对性状在生物遗传过程中的作用和表现。那么，两对相对性状在生物遗传过程中又是如何作用的呢？它们之间会不会相互干扰？生物杂交后这两对性状是如何表现的？如果有3对性状或更多呢？这就是遗传学第二定律要解决的问题，这个定律又被称为自由组合定律或者孟德尔第二定律。

一对相对性状的遗传符合分离定律，那么孟德尔紧接着就想到，两对或更多对相对性状的杂交是否也可以用分离定律来解释呢？

于是孟德尔做了一些试验来验证他的这个想法。他选择了这样两个豌豆亲本进行杂交：一个是双显性亲本：种子是圆粒的，黄色的；一个是双隐性亲本：种子是皱粒的，绿色的。其中豌豆种子圆粒（用大写字母R来表示）相对于皱粒（用小写字母r来表示）来说为显性，豌豆种子黄色（用大写字母 Y 来表示）相对于绿色（用小写字母 y 来表示）来说是显性。

孟德尔用黄色、圆粒种子的豌豆，与绿色、皱粒种子的豌豆杂交，得到子一代 F_1 种子，F_1 种子都是黄色、圆粒的，把 F_1 种子种下去长成植株、再进行自交，所得到的 F_2 种子出现了四种类型，其中两种类型与亲本相同，两种为双亲性状重组的新类型，这四种类型表现出一定的比例。其比例为 9（黄圆）:3（绿圆）:3（黄皱）:1（绿皱）。具体过程表示为下图所示。

一方面，从一对性状中所得到的分离定律，在这里仍然得到了验证。因为，分别就一对性状来说，圆粒: 皱粒 =（9 + 3）:（3 + 1）= 12: 4 = 3: 1；黄色: 绿色 =（9 + 3）:（3 + 1）= 12: 4 = 3: 1。每一对相对性状的分离比例都为 3: 1，说明在杂交后代中，各相对性状的分离是独立的、互不干扰的。也就是说，种子颜色的分离和种子形状的分离彼此互不影响。

但另一方面，这里子二代 F_2 出现了圆粒黄色、圆粒绿色、皱粒黄色、皱粒绿色四种子代。并且还有一个 9: 3: 3: 1 的比例，这又作何解释呢？

孟德尔设想：豌豆的种子，黄色与绿色这一对相对性状是由一对遗传因子 Y 和 y 控制的；豌豆的粒形，圆粒与皱粒这一对相对性状是由另一对遗传因子 R 和 r 控制的。如果一个亲本是黄色圆粒豌豆（YYRR），按照分离定律它只能产生一种配子 YR，另外一个亲本是绿色皱粒豌豆（yyrr），也只能产生一种配子 yr。两个亲本杂交，受精时雌雄配子结合，其子一代 F_1 种子的基因型为 YyRr，表现为黄色圆粒。

F_1 植株在产生配子时，成对的遗传因子彼此分离，各自独立地分配到配子中去，从而使得同对的遗传因子彼此分离，不同对的遗传因子自由组合，这个组合细化就是：

（1） Y 可以跟 R 在一起形成 YR；

（2） Y 也可以跟 r 在一起形成 Yr；

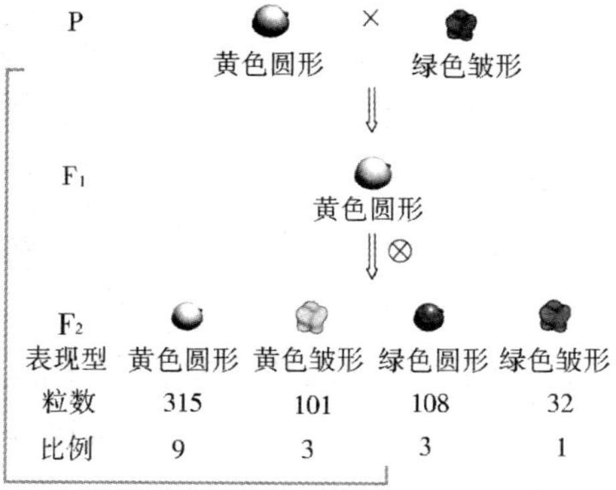

豌豆黄圆、绿皱杂交图

（3）y 可以跟 R 在一起形成 yR；

（4）y 也可以跟 r 在一起形成 yr。

因此，产生四种配子 YR、Yr，yR、yr，这四种配子的比例是相等的。

雌雄配子结合在一起就会产生 16 种随机组合，产生的 F_2 种子有 9 种基因型，四种表现型，其中黄圆占$\frac{9}{16}$，绿圆占$\frac{3}{16}$，黄皱占$\frac{3}{16}$，绿皱占$\frac{1}{16}$，从而表现为 9∶3∶3∶1 的比例。

由于存在着显性，不管基因型是 YYRR，还是 YyRr，只要有 Y 和 R，都只表现圆形黄粒的特性。所以将上图的结果加以整理，就获得了特有的 9∶3∶3∶1 比例。

如果我们按照处理分离定律的数学思路，不难得出另外一个有趣的数学式子。联系到这 9∶3∶3∶1 的比例，正是两对相对性状的分离比例 3∶1 的平方，即两个 3∶1（一个是种子黄色和绿色的子二代 F_2 的分离比例 3∶1，另外一个是种子圆粒和皱粒的子二代 F_2 的分离比例 3∶1）的乘积：

3 黄∶1 绿 ×3 圆∶1 皱 =9 黄圆∶3 绿圆∶3 黄皱∶1 绿皱

用绿色、圆粒与黄色、皱粒种子的植株杂交，也能获得上述同样的性状分离和性状的自由组合现象。

为了验证上述解释是否符合科学事实，孟德尔仍然采用了测交的验证方法，即把子一代 F_1 与隐性亲本杂交，也就是说让子一代 F_1（YyRr）与双隐性亲本（yyrr）杂交。如果上述推理过程是正确的，当 F_1 形成配子时，不论雌配子或雄配子，都产生四种类型的配子，YR、Yr、yR、yr，且呈现 1∶1∶1∶1 的比例，而双隐性亲本只形成一种配子 yr。因此，测交所获得的后代的表现型和比例，能够反映 F_1 所产生配子的类型及其比例。结果应该如何呢?

读者不难得出结论：其比例应该为 YyRr：Yyrr：yyRr：yyrr = 1∶1∶1∶1。

孟德尔检验的实际结果和他的理论推断是完全一致的。测交后代四种类型呈 1∶1∶1∶1 的比例。

以上就是自由组合定律，它又称为孟德尔第二定律，或者是遗传学第二定律。我们来总结一下，自由组合定律的实质就是在杂种形成配子的过程中，不同对的遗传因子进行自由组合。读者就会问了，两对相对性状的遗传符合自由组合规律，那么3对呢？四对或者更多对的性状遗传是否都符合自由组合规律？

广角镜

相对性状

在不同个体身上相对应地表现出不相同特征的单位性状。由一对等位基因所决定并有明显差异的性状。如豌豆的形状呈圆形或皱缩。

回答是肯定的。两对以上性状的遗传规律，虽然情况稍微复杂一些，但只要各对性状都是独立遗传的，就仍然受自由组合规律的支配。例如，以黄色种子、圆粒种子、红花豌豆植株（YYRRCC）与绿色种子、皱粒种子、白花豌豆植株（yyrrcc）杂交，其 F_1 全部为黄色种子、圆粒种子、红花（YyRrCc）。F_2 产生8种配子YRC、YRc、YrC、yRC、Yrc、yRc、yrC、yrc。各种配子的比例是相等的，这样，雌配子和雄配子随机结合，F_2 的组合就会出现27种基因型、8种表现型，各表现型的比例为27∶9∶9∶9∶3∶3∶3∶1。对于每对相对性状来说，都符合3∶1，而3对性状就符合（3∶1）^{3}。就以可爱的小动物豚鼠来说，它的毛包括3对性状：短毛或者长毛，卷毛或者直毛，黑毛或者白毛。其中短毛、卷毛、黑毛相对于长毛、直毛、白毛各为显性，这3对相对性状都是独立遗传的。如果我们对每对相对性状分别做杂交遗传实验，子二代 F_1 都各表现3∶1的比例。每两对相对性状做遗传实验，其子二代 F_2 都表现9∶3∶3∶1的比例。将3对性状做遗传试验，在子二代 F_2 表现27∶9∶9∶9∶3∶3∶3∶1的比例。有人用短毛、直毛、黑毛豚鼠与长毛、卷毛、白毛豚鼠杂交，F_1 为短毛、卷毛、黑毛豚鼠，F_2 的类型及表现比例为27短卷黑∶9短直黑∶9长卷黑∶9短卷白∶3长卷白∶3长直黑∶3短直白∶1长直白。

要说明的是，为了能够明白这一过程，我们选择的基因和性状的关系都是“一对一”的关系，也就是一个基因控制一个性状。但在实际中，并非如此简单。严格地说，绝对的“一对一”的关系是不存在的。基因和性状之间的关系非常复杂，一个性状经常须有两种或两种以上的基因的相互作用才能表现出来，多个基因影响一个性状的表现叫“多因一效”现象。另外还有“一因多效”现象，就是一个基因影响多个性状的表现。

从染色体的角度来看，自由组合规律是两对位于非同源染色体上的基因所表现出来的，由于染色体在减数分裂中，非同源染色体自由组合，分配到配子中去，这样位于非同源染色体的基因在分配到配子中也是自由组合的。

孟德尔发现了遗传学第一定律和遗传学第二定律，要按我们现代人的想法，早就该拿几个诺贝尔奖了，但历史却给这位伟大的“神父”开了一个玩笑，他的成果被埋没了整整25年。人们真正认识到孟德尔论文的价值，是在他去世6年后。

孟德尔的《植物杂交的试验》论文，于1865年2月8日和3月8日在德国布隆自然科学家协会上宣读，第二年在该会会刊上发表。此后，尽管他的论文已经散发到全世界120多个图书馆，仍然没有得到任何人的注意，默默无闻躺在图书馆里达25年之久，其间他还曾把论文寄给了瑞士一位著名的植物学家耐格里，但这位植学家对孟德尔的论文的评价是“初步研究”、“经验公式”、“远远没有完成”等等轻蔑的不公正的评语。

1900年，孟德尔的论文才被3位植物学家——荷兰的德弗里斯、德国的科伦斯和奥地利的切尔马克重新发现，这3位植物学家在3个不同的国家几乎同时在做同样的植物杂交实验。当他们第一次开始实验时可能谁也没有听说孟德尔，他们全部都认为自己发现了全新的事情，但是，他们的工作都导致了1900年以后孟德尔定律的重新发现，因此，常把1900年看作遗传学作为一个独立学科而出现的一年。

1900年，荷兰植物学家德弗里斯发表了两篇论文，一篇是用法文写的《关于杂种的分离定律》。另一篇是用德文写的《杂种的分离律》。第一篇用法文写的论文于1900年3月26日发稿印刷，在此文中他还一字未提孟德尔。但就在3月14日用德文写的论文付印之际，德弗里斯匆匆忙忙地跑到印刷厂，要求增添如下重要更正：“……这项重要的研究（孟德尔《植物杂交的试验》）竟然极少被人引用，以致在我总结我的主要实验，并从实验中推导出孟德尔的论文中已经给出的原理之前，竟然不知道这项研究。”这句话德弗里斯认为非常重要，必须尽快加上去，他认为他已经获得了比自己论文更重要的惊人的发现。

就在德弗里斯用德文写的论文还未出版之际，也就是在他正在震惊的时候，另一位德国人科伦斯提出了一篇论文《关于种间杂种后代行为的孟德尔的定律》。与德弗里斯的经历一样，科伦斯直到他的实验差不多快要结束，并且在撰写论文最后结论的时候，他才知道孟德尔的论文，于是他只得把论文重写，并且在题目上冠以醒目的“孟德尔定律”的大标题。

在此期间，柏林的德国植物学会又收到了一位奥地利的年轻的科学家切尔迈克的论文《豌豆的人工杂交》。这篇论文也像刚刚收到的科伦斯的报告一样，在几个地方提到了孟德尔。

科学家们既震惊，又疑惑。孟德尔是何许人也？他们不得不到图书馆的故纸堆里去查找那个叫“孟德尔”的家伙发表的论文，结果导致了20世纪遗传学史上的一个最重要的发现——孟德尔遗传定律的重新发现。人们这才真正体会到，孟德尔这位科学巨匠进行的8年艰苦而认真的杂交试验，所取得的数据是多么准确可靠、精细完美。

1900年，3位植物学家为20世纪带来了最珍贵的礼物。孟德尔论文的重新发现标志着遗传学史上这样一个时代的终结，这个时代绵亘几千年，充斥了有关生殖和遗传的种种臆测和遐想，而从1900年之后，它逐渐地被具有坚实的实验基础的、关于遗传本质的知识体系所取代了。

◎ 遗传学第三定律：连锁和互换定律

从1900年开始，全世界各地的许多遗传学实验室都在检验孟德尔学说。在孟德尔杂交实验的理论和分析方法的启示下，人们进行了更多的动、植物杂交实验工作，并获得了大量的遗传资料。其中，属于两对相对性状遗传杂交实验的结果，有的符合自由组合规律，有的则不符合。

1906年，一个新的重大发现使孟德尔的学说几乎陷入危机。遗传学家贝特森和庞尼特用香豌豆的两对相对性状做杂交实验。这两对相对性状是：紫花（R）与红花（r），紫花为显性，长花粉粒（L）与圆花粉粒（l），长花粉粒为显性。他们按照孟德尔的方法进行杂交，先选择了两个亲本，一个亲本是紫花、长花粉粒，另一个亲本是红花、圆花粉粒。试验结果却令他们十分惊讶。因为结果似乎推翻了孟德尔的自由组合定律。

亲本 P：紫花、长花粉粒 P（RRLL）×红花、圆花粉粒 P（rrll）

↓

F_1：紫花、长花粉粒 F_1（RrLl）×紫花、长花粉粒 F_1（RrLl）

↓

F_2：紫花、长花粉粒紫花、圆花粉粒红花、长花粉粒红花、圆花粉粒

F_2　F_2　F_2　F_2

比例：69.5 : 5.6 : 5.6 : 19.2

从实验结果看，虽然 F_2 也出现四种类型，但表现的比例与自由组合时 9:3:3:1 的比例相差悬殊，两个亲本组合（紫花、长花粉粒和红花、圆花粉粒）的实际个体数大于理论数值，而重新组合（紫花、圆花粉粒和红花、长花粉粒）的实际个体数又比理论数值少得多。也就是说，在他们的杂交实验中，两个相对性状（紫花与红花、长花粉粒和圆花粉粒）的基因并没有分离和自由组合，杂交的子代中绝大部分仍是亲代性状（紫花、长花粉粒和红花、圆花粉粒），中间的自由组合的性状（紫花、圆花粉粒和红花、长花粉粒）则很少，这一结果怎样解释呢？读者也许陷入了迷惑状态。实际上当时的遗传学家也是一筹莫展，百思不得其解。有些学者对孟德尔所揭示的遗传规律曾一度发生怀疑。年轻的遗传学眼看就会陷入夭折的境地。

这时候，遗传学的救星出现了，他，就是美国著名的胚胎学家托马斯·亨特·摩尔根，他在这时加入了遗传学的队伍。他利用果蝇为材料，对这方面的问题进行了深入细致的研究，解开了一些学者的疑团，证实并肯定了同源染色体上的基因的连锁遗传。他揭示的基因的连锁与互换规律，成为遗传学上第三大遗传规律。

摩尔根是 20 世纪最著名的生物学家之一。1933 年，为了表彰他在创立染色体—基因理论方面的功绩，他被授予该年度的诺贝尔奖。

1866 年 9 月 25 日，摩尔根生于美国肯塔基州的列克星顿，家庭可谓名门望族。他童年时，经常喜欢在乡间及山区采集植物、捕猎动物和广搜各类石头，表现出对大自然的新奇和爱好。1886 年，他在肯塔基大学获得动物学学士的学位。同年到霍普金斯大学攻读博士学位，集中研读形态学和胚胎学。1890 年，他完成《论海洋蜘蛛》博士论文，同年获得哲学博士学位。1945 年底，他突遭车祸不幸罹难。

摩尔根 1904—1928 年一直在美国哥伦比亚大学任教。他同他的同事和学生们组成一个思想非常活跃、工作非常有效率的集体。由于这个实验室采用果蝇作为试验材料，因此人们风趣地称呼摩尔根的实验室为“苍蝇”实验室。

摩尔根本来是研究实验胚胎学的，转而从事遗传学研究是以后的事。说来非常有趣，摩尔根在开始果蝇的研究之前，并不相信孟德尔的遗传学理论，也从来没有进行过遗传学研究。他早年的工作多在实验胚胎学方面，研究过蛙卵的早期发育和再生问题。就在 1909 年他开始用果蝇作为实验材料进行研究时，严格地讲也不是为了解决遗传学问题，他想用果蝇进行连续不断的近亲交配以观察后代在产卵量和成活率上是否下降的问题。科学上的重大发现有时存在于偶然性之中，但是这种有幸的机遇往往只会授予那些“心有灵犀一点通”的人。摩尔根就是这样，他是熟悉孟德尔遗传学理论的，他之所以不相信，是因为他没有做过这类实验。为了顺利进行试验，摩尔根建立了一个果蝇实验室。那实验室里到处喂养着果蝇，有时达好几十万只。果蝇是蝇类的一种，但是它与人类所不齿的苍蝇相比，习性有很大的区别。它是追逐香味的一种蝇，果蝇会危害果树，它以水果为生，但并不是吃水果，而是吃上面生长的酵母。因

趣味点击　果　蝇

果蝇广泛地存在于全球温带及热带气候区，而且由于其主食为腐烂的水果，因此在人类的栖息地内如果园、菜市场等地区内皆可见其踪迹。除了南北极外，目前至少有 1000 个以上的果蝇物种被发现，大部分的物种以腐烂的水果或植物体为食，少部分则只取用真菌，树液或花粉为其食物。

此，培养果蝇比较方便，凡是能生长酵母的培养基如玉米、马铃薯、麦芽等都能饲养它。

果蝇身体较小，体长不过 6 ~ 7 毫米，50 多万个果蝇总重还不到 0.5 千克，可以很方便地在牛奶瓶或试管里培养。因此试验室不要多大就可以进行大规模饲养。最重要的是，果蝇生长周期很短。在温度 25℃ 的环境条件下，每个受精卵长到成虫只需要 10 天，在培养温度提高到 31℃时，它生长得更快。如果连续繁殖果蝇，一年至少可以有 30 多代。果蝇的繁殖能力也很强，雄蝇孵出后 24 小时即开始交配，雌蝇交配后 10 小时即产卵，平均每一个雌蝇 9 天内产 600 个，最高可以到 700 个卵。这比起豌豆来，工作的效率提高了近百倍。此外，果蝇只有 4 对染色体，这很适合于遗传学的研究。

所以说，选择试验材料是很重要的。可以说，如果孟德尔不是采用豌豆作为试验材料，在当时的条件下就不可能很顺利地得到试验结果，并总结出遗传学第一定律和遗传学第二定律。而摩尔根如果不是采用果蝇作为试验材料，也不会很顺利地得到试验结果，并总结出遗传学第三定律。

其实，在摩尔根以前，曾经有人指出贝特森和庞尼特的试验可能是连锁现象。詹森斯在 1909 年，也就是在摩尔根发现连锁遗传之前，根据两栖类和直翅目昆虫的减数分裂的现象，提出了一个“交叉型”假设，认为细胞学上染色体的交叉现象与遗传学的交换现象相当，由此就能解释贝特森发现的现象。这无疑是一个非常有价值的假说。但是假说毕竟是假说，必须要用实验来证明。最先解决这一问题的仍是摩尔根和他的战斗集体。

摩尔根也是选择了两对相对性状的果蝇亲本。一个亲本是灰身、长翅（BBVV）的果蝇，另外一个亲本是黑身、残翅（bbvv）的果蝇，其中灰身（B）相对于黑身（b）是显性性状，长翅（V）相对于残翅（v）是显性性状，这两对相对性状，是由两对等位基因控制的。

试验过程是这样的：让灰身、长翅果蝇（BV/BV，这是连锁基因的表示方法，以后我们采用这种写法就表示是连锁遗传）与黑身、残翅果蝇（bv/bv）杂交，其子一代 F_1 都是灰身、长翅果蝇（BV/bv）。如果让子一代 F_1 灰身、长翅雄果蝇（BV/bv）与双隐性亲本黑身、残翅（bv/bv）进行测交，则

子二代 F_2 只有两种和亲本一样的类型，即灰身、长翅（BV/bv）和黑身、残翅（bv/bv），各占50%，比例为 1:1。很显然，这与自由组合时，测交子代产生四种类型成 1:1:1:1 的比例完全不同。

知识小链接

同源染色体

同源染色体是在二倍体生物细胞中，形态、结构基本相同的染色体，并在减数第一次分裂（参考减数分裂）的四分体时期中彼此联会（若是三倍体及其他奇数倍体生物细胞，联会时会发生紊乱），最后分开到不同的生殖细胞（即精子、卵细胞）的一对染色体，在这一对染色体中一个来自母方，另一个来自父方。

摩尔根认为由于这两对等位基因处在一对同源染色体上，B 和 V 在一条染色体上，b 和 v 在另一条染色体上，它们常联系在一起遗传，染色体到了哪里，它们也随之而到了哪里。从而这两对等位基因是连锁的，也就是说，控制这两对相对性状的基因是合在一起遗传的，例如 Bv/bv，形成配子时 B 与 V 合在一起，b 与 v 合在一起，即 B 与 v 不分开，b 与 v 不分开，这样 BV/bv 和 bv/bv 杂交时，由于 Bv 连在一起，bv 连在一起，这样结果就是 BV/bv 和 bv/bv。也就是说，如果两对或两对以上的等位基因位于同一对同源染色体上（或说两个或两个以上的基因位于同一个染色体上），在遗传时，染色体上的基因常连在一起不相分离，这就是基因连锁遗传。这和处于非同源染色体的两对等位基因自由组合地遗传是完全不同的。为了让读者能够更轻松地理解，我们将它和自由组合的遗传做以下对比。

既然存在完全连锁，是不是存在不完全连锁？我们的回答是：对。摩尔根也是这样做的，他又选择了两对相对性状的果蝇亲本。一个亲本是红眼、灰翅（RRLL）的雌果蝇，另外一个亲本是白眼、黄翅（rrll）的雄果蝇，其中灰翅相对于黄翅是显性性状，红眼相对于白眼是显性性状。将上述的雄果蝇与雌果蝇杂交，从而得到杂种子一代，子一代 F_1 为红眼、灰翅（RrLl）。把杂种雌果蝇与双隐性亲本白眼、黄翅（rrll）的雄果蝇进行测交，即产生四

种子二代 F_2 个体：红眼、灰翅，白眼、黄翅，红眼、黄翅，白眼、灰翅，前两种与亲代性状相同，后两种是自由组合型。这都与孟德尔定律相符。但不相符合的是这 4 种子二代 F_2 的比例并不是 1∶1∶1∶1，99% 的子二代 F_2 都是亲代的红眼、灰翅和黄翅、白眼，而红眼、黄翅和白眼、灰翅只占 1%。

读者也许会提出问题，如果是连锁遗传，亲本的比例应该就是 100%，为什么还只是接近于 100%？为什么还会出现自由组合的类型呢？也就是说，为什么既存在完全连锁遗传，又存在不完全连锁遗传。摩尔根又给出了解释。

摩尔根认为：连锁并不是绝对的、完全的。连锁的基因之间之所以会产生中间类型，是由于果蝇在形成配子的过程中，等位基因之间发生了交换。交换现象有时称为重组。也就是说，R 与 L 合在一起也不是那么牢靠，r 与 l 合在一起也不是那么牢靠。在遗传的时候，某些配子中，R 与 L 有时也会分开，而 r 与 l 有时也会分开。不过也不是所有的配子中 R 与 L、r 与 l 都会分开，只有极少数的配子中 R 与 L、r 与 l 会分开。下面的问题是：这种交换频率是不是稳定的？如果把这两对性状在亲代中换一下位置，是否仍能得到 1% 的交换频率。

于是，摩尔根再做了两对性状的另一种组合的杂交试验，用红眼、黄翅的雄蝇同白眼、灰翅的雌蝇交配，所产生的 4 种子二代比例是：

连锁型：红眼黄翅、白眼灰翅…………99%

交换型：红眼灰翅、白眼黄翅…………1%

上述两个试验证明：两对性状不论在杂交时怎么组合，也不论显性隐性怎样组合，它们的交换值总是一样的，都以基因为据。

摩尔根的解释对不对呢？他又继续用果蝇做了一系列试验。他用具有其他性状的果蝇，如黄色身体（黄身，正常果蝇的身体为灰色）、粗翅脉等性状，分别与白眼果蝇杂交，发现都表现不完全连锁遗传，但这些基因之间的互换率不同，从而又一次用具体的实验数据证明了许多基因都表现不完全连锁遗传，但各基因之间的互换率不同。

是不是所有的果蝇正向交配和反向交配的结果都是一样的呢？也就是说，

即使是连锁遗传，其交换率是否都是一模一样的呢？我们仍然用完全连锁遗传的那个例子来说明。

摩尔根在上述完全连锁遗传的试验过程中，不再让子一代 F_1 灰身、长翅雄果蝇（BV/bv）与双隐性亲本黑身、残翅雌果蝇（bv/bv）进行测交，而是让子一代 F_1 灰身、长翅雌果蝇（Bv/bv）与双隐性亲本黑身、残翅雄果蝇（bv/bv）进行测交，是不是会出现完全连锁的结果呢？结果却出人意外。测交子代出现四种类型的果蝇：两种亲本类型（灰身、长翅 BV/BV 和黑身、残翅 bv/bv）各占41.5%，共占83%，两种重组的新类型（灰身、残翅 Bv/bv 和黑身、长翅 bV/bv）各占8.5%，共占17%。怎么会这样呢？

很明显，这两种杂交的结果不一致，和果蝇性别有关。实际上，这是因为这两对等位基因都处在果蝇的性染色体上——X 染色体。由于雄果蝇只具有一条 X 染色体，另外一条性染色体是 Y 染色体，而雌果蝇具有两条 X 染色体。所以让子一代 F_1 灰身、长翅雄果蝇（Bv/bv 基因）与双隐性亲本黑身、残翅雌果蝇（bv/bv 基因）进行测交，结果就出现完全连锁遗传，而让子一代 F_1 灰身、长翅雌果蝇（BV/bv 基因）与双隐性亲本黑身、残翅雄果蝇（bv/bv 基因）进行测交，则出现不完全连锁遗传。摩尔根证明了该基因是位于染色体上。

很明显，如果我们研究的控制两对性状的基因位于性染色体上，就会出现正向杂交和反向杂交的交换率不相同的情况。一般情况下，一种是完全连锁，另外一种是不完全连锁。

那么不完全连锁遗传的交换率的大小表示什么意思呢？我们知道，不完全遗传是由于基因位于同一条染色体上造成的。而摩尔根测得，在同一条染色体上，基因的位置隔得越远的，其交换的比率越大。所以摩尔根就用两对相对性状的等位基因进行不完全连锁遗传的交换率来表示这两对基因在同一染色体上的距离。也就是说，基因之间的距离越大，其交换率越大。

问题就来了，既然交换率表示两对基因在染色体上的距离，那么交换值就应该是稳定的，事实也是如此。那么它们之间的交换率的关系怎样呢？要搞清楚这样的问题就必须对染色体上的基因相互之间的交换率统统加以测定，这样的“普查”工作量之大是可想而知的。

摩尔根认为，在配子形成过程中，并不是所有的配子在这两个基因之间都发生这样的交换，所以形成的四种配子，它们的数量并不是相等的，总是亲本组合多于新组合。一般是两个基因在染色体上的距离越远，其交换的比率越大，距离越近，交换的比率越小。交换值用百分数来表示，其计算公式是：交换值 = 新组合/（亲本组合 + 新组合）。

交换值的大小，反映了基因间的距离的大小，所以用交换值 1% 去掉% 号，作为基因在染色体上的一个距离单位，就说某基因间的距离为 1，单位为“厘摩”。这里果蝇的黑身和残翅基因的互换率为 17%，即这两个基因相距 17 个图距单位。

交换值的数值大小呢，是 0% ~50%。交换值为 0 时，表明没有互换，表示完全连锁。基因距离非常近时，互换率很低，或不能进行互换。互换率若达到 50% 时，则四种配子成 1∶1∶1∶1 的比例，就是自由组合了。连锁遗传时的互换率实际上一般达不到 50%，更不会超过 50%。这是因为，在同一个平面上，在 4 条染色单体之间，只能有两条非姊妹染色单体发生互换；若两个基因相距较远，其间还能发生双交换，双交换降低了原来的交换值，因为单交换换过去，双交换又换了回来，而且，交换一般是在两个所测的基因之间，并不是所有的配子中都发生交换。只有百分之百的配子都发生互换，才能使交换值达到 50%，但一般达不到这样的程度。如果有 60% 的配子在两个基因之间发生了互换，其互换率为 30%。当然，这里说的是一般的正常情况。基因是怎样互换的呢？一般认为是在减数分裂过程中，两个相互配对的同源染色体之间发生了交叉，交换了一部分

拓展阅读

图距单位

1% 重组率去掉其百分率的数值为一个图距单位。即 1cM = 1% 重组率去掉% 的数值。

染色体片段，使染色体片段上的基因发生了相互交换。

染色体一般是在细胞分裂间期进行复制。在细胞减数分裂前期，染色体已经大大缩短，这时进行同源染色体配对，配对是很严格的，着丝点配着丝点，各个等位基因的位点相配。配对的同源染色体，每条同源染色体包括两条染色单体，叫作姊妹染色单体；两条同源染色体的染色单体之间，称为非姊妹染色单体。在遗传上的基因互换发生在非姊妹染色单体之间。男女不一样，伴性遗传决定性别的因素很多，在不同生物类型，情况有所不同，有的由性染色体决定，有的由性染色体和常染色体的比例关系决定，有的是由受精与否，即染色体的倍性决定，有的是由基因决定，也有的是由环境控制。与性连锁遗传密切联系的是性染色体决定性别这一部分。如果等位基因在性染色体上，这种遗传就叫伴性遗传。

广角镜

伴性遗传

伴性遗传是指在遗传过程中子代的部分性状由性染色体上的基因控制，这种由性染色体上的基因所控制性状的遗传方式就称为伴性遗传，又称性连锁或性环连。许多生物都有伴性遗传现象。在人类，了解最清楚的是红绿色盲和血友病的伴性遗传。它们的遗传方式与果蝇的白眼遗传方式相似。红绿色盲在某个家系中的遗传情况。伴性遗传分为X染色体显性遗传（如：抗维生素D佝偻病，钟摆型眼球震颤等），X染色体隐性遗传（如：红绿色盲，血友病等）和Y染色体遗传（如：鸭蹼病，人类印第安毛耳外耳廓多毛症等）。

伴性遗传

“伴性遗传”又叫“性连锁”。这种连锁遗传常常与性别联系在一起。譬如，在果蝇中让雄的白眼果蝇跟雌的红眼果蝇交配，所生的后代都是红眼果蝇，让这些红眼果蝇自相交配，所得 F_2 有红眼的也有白眼的，红眼对白眼的比例是3∶1。但奇怪的是所有的白眼果蝇都是雄的。这表示白眼这一性状与性别相联系，在遗传传递中相伴不离，故称为“伴性遗传”。

◎芦花鸡的遗传

伴性遗传在动物中是很普遍的现象。芦花鸡的遗传就是一个典型的例子。

芦花鸡的特点是羽毛黑白相间，形成芦花条纹。如用雄的芦花鸡与雌的非芦花鸡杂交，F_1 不管是雄是雌，全为芦花鸡。让这些芦花鸡交配，在 F_1 中，雄的全是芦花鸡，雌的一半芦花，一半非芦花。从数量上看，芦花和非芦花之比出现3∶1。

在用雌的芦花鸡与雄的非芦花鸡杂交时，按前述孟德尔定律其 F_1，应该表现一致性，但是实际情况却不是这样，雄鸡全是芦花鸡，母鸡全是非芦花鸡。让这些鸡交配，F_2 也不按3∶1分离，而是一半芦花鸡，一半非芦花鸡，而且在雄鸡中各占一半，在母鸡中也各占一半。

为什么出现这样的现象呢？如果假定“芦花”基因（B）在Z染色体上，而相应的W染色体上不含有等位基因，以上现象就可得到解释。

需要说明的是，这里的“芦花”基因应该是显性基因，因为从芦花鸡×非芦花鸡的杂交第一代全为芦花可以得知。

下面我们来分析芦花鸡×非芦花鸡的杂交组合。

从芦花母鸡×非芦花公鸡的杂交来看，芦花母鸡可以产生两种卵子，即带有芦花显性基因B的Z染色体的卵子和不带有任何基因的W染色体的卵子。而非芦花公鸡只能产生一种精子：带有非芦花隐性基因b的Z染色体的精子。Z卵子受精后成为芦花公鸡，性染色体是ZZ，基因型是Bb

芦花鸡

（杂合子），W 卵子受精后发育成非芦花母鸡，性染色体是 ZW，基因型只是 b（也是杂合子）。b 虽然是隐性，但由于 W 染色体上没有相对的显性基因“遮盖”，所以体现了非芦花鸡的性状。

知识小链接

基因型

基因型又称遗传型。某一生物个体全部基因组合的总称。它反映生物体的遗传构成，即从双亲获得的全部基因的总和。据估计，人类的结构基因约有 5 万对。因此，整个生物的基因型是无法表示的，遗传学中具体使用的基因型，往往是指某一性状的基因型。

以后，F_1 的公鸡和母鸡都得自产生了两种配子。两种卵子：Z^b、W；两种精子：Z^B、Z（b）。F_2 一共可得 4 种组合：Z^BZ^b、Z^bZ^b、Z^BW、Z^bW。从芦花鸡×非芦花鸡的杂交来看，虽然表现与前面不同，但性染色体的分离和组合是一样的，我们不难看出它们的基因型和表现型。

◎ 性染色体和伴性遗传知识的妙用

一些雌雄异体的动物和雌雄异株的植物，性别不同，其经济价值也不同。例如，奶牛、母鸡、雄性的军马和猎犬以及雌株菠菜、雄株石刁柏等，其经济价值显著，高于另一性别。故利用性染色体和伴性遗传的有关知识来对动植物性别进行控制或早期鉴定，具有重要的理论意义和实际意义。

譬如，在国外有人用花药培养法育成了石刁柏的超雄纯合二倍体（YY），用它和雌株（XX）杂交，可以获得 100% 的杂种雄株（XY），而石刁柏的雄株产量和质量均超过雌株。这是利用性染色体知识的具有创造性的育种成绩。

鸡的伴性遗传在生产实践上很有用处。人们养鸡总喜欢养母鸡，但公鸡和母鸡在鸡雏时不好区别，如果利用伴性遗传知识就很容易区别开。譬如，在以芦花母鸡×非芦花公鸡杂交第一代，凡是芦花鸡，将来全是公鸡，非芦花鸡全是母鸡。用这种办法来区别小鸡的雌雄可以说是百发百中，万无一失。

伴性遗传知识在养蚕业上也早已应用。养蚕的人与养鸡的人刚好相反，喜欢养雄蚕。因为雄蚕不产卵，它们把养料全部用于吐丝结茧上，因而，产丝量要比雌蚕高得多。科学家们考虑。如果能从蚕卵的某种性状就能区别雌雄的话，不是就可以使养蚕的人只养雄蚕不养雌蚕了吗？经过努力，终于培养出了这种家蚕品种。培育的过程是把带有控制蚕卵黑色基因的一个常染色体片断移植到性染色体 W 上，使成伴性遗传。我们知道蚕的性染色体是 ZW 型，黑色基因在 W 上，也就是说黑色性状只能表现于雌性，这就使得在卵期鉴定雌雄成为可能。在这方面日本科学家作了不少工作，培育出的家蚕品种能产黑白二色的卵，黑色卵全为雌性，白色卵全是雄性，用光电管仪器很容易把它们区分开，再用一台小型机器刺死所有黑色卵，留下白色卵，可得到全部雄蚕。

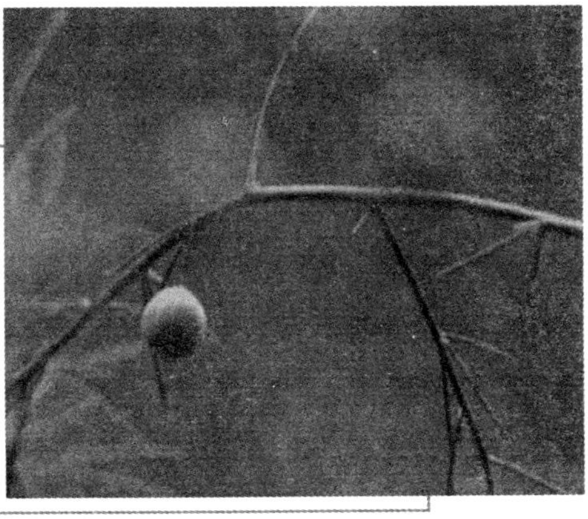

石刁柏

◎ 人类的色盲遗传

人类有很多疾病经常与性别有关，如色盲、血友病、遗传性肾炎等。这里以色盲为例，分析一下人类的伴性遗传。

色盲最普通的是红绿色盲，患者不能区别红色和绿色，这种人差不多都是男性，女性的色盲为数极少。据统计，美国白人中男性色盲约 10%，女性色盲约 1%。

色盲的遗传规律是：一般由男人通过他的女儿传给他的外孙。为什么会是这样呢？原来色盲是一个隐性基因控制，这个隐性基因位于一条 X 染色体上，它的等位基因在另一条 X 染色体上，Y 染色体上不含有任何显、隐性基因。色盲男人与正常女人结婚，所生儿女都不是色盲，但女儿却带上了父亲的色盲基因和染色体。这个女儿如与正常男人结婚，所生女儿都不是色盲，但儿子中的半数却是色盲。在人类中色盲的遗传绝大多数是这样的情况。

正常男人与色盲女人结婚（这种情况十分少见，因为女人中的色盲人数很少)，他们所生的女儿不是色盲，但带有色盲基因；儿子全都是色盲。如果色盲男性与带色盲基因的正常女性结婚，后代儿女中就有一半的色盲，而且不是色盲的女儿仍然带有色盲基因。

男性色盲多于女性色盲的原因：①色盲基因是隐性基因，隐性基因只有单独存在或同质结合时才能表现。②男性染色体只有一条X，X染色体如果有色盲基因，立即可以表现出来，女性有两条X染色体，一定要两条X染色体上都有色盲基因才会表现色盲。

有什么办法可以减少色盲出现的频率呢？有的。这就是通过婚前的遗传学检查或系谱分析，正确地指导婚姻，尤其是应当避免近亲结婚以减少色盲及其他遗传疾病的出现率。

性别的发育与环境

性别由性染色体、由基因决定，似基因型必须在一定的环境条件下通过个体发育最终才会表现为性状（性别)。在本书的开头我们曾讲过：离开了个体发育，性状是无从表现的，而个体发育又离不开环境条件。环境条件有外部环境条件和内部环境条件，我们不能单纯地理解为外部环境。生物的内部状态也是一种环境即内部环境。基因型正是在内外环境条件下通过个体发育最后表现

你知道吗

系 谱

系谱亦称家系。是指记录某一家族各世代成员数目、亲属关系以及有关遗传性状或遗传病在该家系中分布情况的图示。动植物育种学上是指由共同祖先繁殖所得的后代。在医学遗传学上是指亲缘关系较近家族成员的某一遗传病发病情况的调查。系谱分析有助于区别单基因病和多基因病。其次，由于存在遗传的异质性，表现型相同或相似的遗传病常可由遗传方式不同而加以区别。因此，系谱分析也有助于区分某些表现型相似的遗传病以及同一遗传病的不同类型。系谱分析需要结合症状、体征、实验室检查及必要的辅助检查才能做出疾病的诊断。

为性状的。性别的表现也正是这样。

环境可以影响性别的分化。最典型的例子是一种海生蠕虫——后螠。自由游泳的幼虫落于海底就长成体大吻长的雌虫，如落于雌虫的吻上，就发育为豆形的雄虫并移居子宫内。如落于吻上的幼虫后又被移开，就发育为中间型。从这里可以看到，后螠的性别并不是在受精时就大体决定的，而是由环境条件决定的。

蜜蜂不受精的卵（n）发育为雄蜂，受精卵（$2n$）发育为雌蜂。但不是所有雌蜂都有生殖力，其中只有一个蜂王能产卵，因为它得天独厚，是用蜂王浆喂起来的，这说明营养条件对性别发育的作用。

我们再来看高等动物的性反转现象。读过《三国演义》的人都知道，汉朝末年天下大乱的时候发生过“牝鸡司晨”也就是母鸡报晓的事，被认为是天降“不祥”。其实母鸡叫鸣的事例是不少见的。不仅如此，还曾经发生过这样一件事。有一只母鸡，能与公鸡交配，下过蛋，做过母亲，以后却忽然发生变化，长出了公鸡的冠，发出公鸡一样的叫声，并且追逐母鸡，变成能育的公鸡，当起了父亲。这是什么原因呢？研究表明，原来这只母鸡的卵巢因病退化消失，而本来处于完全退化状态的精巢却发育起来，产生了精子。许多动物在胚胎时期都形成了雌雄两性的生殖腺，生殖腺可以产生激素。如果胚胎以后发育为雌体，雌性生殖腺就继续发育产生雌性激素。如果胚胎发育为雄体，雄性生殖腺就继续发育产生雄性激素。雌性激素促进雌性性状发育，同时抑制雄性生殖腺的发育。雄性激素的作用刚好相反。上面那只母鸡之所以变成公鸡，就是因为雌性生殖腺不

广角镜

生殖腺

生殖腺的内分泌组织男女不同。男性睾丸的曲精小管之间的间质细胞是内分泌组织，分泌男性激素，其作用是激发男性的第二性征出现，并与维持正常性功能有关。女性卵巢内的卵泡细胞和黄体产生女性激素。卵泡细胞产生的激素可刺激卵巢、阴道和乳腺生长及出现第二性征。黄体的激素能使子宫内膜增厚，准备受精卵的种植，同时是乳腺逐渐发育，以备授乳。

再产生雌性激素，因而导致卵巢退化，而雄性生殖腺发育起来，产生雄性激素，刺激精巢发育，进而使雌性性状转变为雄性性状的缘故。

从这里可以看出，性别虽然最初由性染色体的组成所决定，但是性别的发育和分化是受性激素控制的。性激素的种类和多少就是一种内部环境。

应当指出的是，这只母鸡虽然变成了公鸡，也只是表现型的改变，它的基因型还是没有变，仍然是原来的性染色体组成即 ZW。

科学家们用一种非洲蛙（ZW 型）所做的性反转试验也表明激素只能改变性别（表现型）而不能改变性染色体（基因型）。方法是把这种非洲蛙的雄性幼体用雌性激素处理，长大后的成体全部是雌蛙。这种雌蛙与正常的雄蛙交配可以产生后代，但后代全部为雄蛙。可见在试验中性染色体的性质未改变。

外部环境对于动物性别的影响可用青蛙在不同温度条件下的发育情况来说明。某些种类的蛙（XY 型），雌蛙的性染色体是 XX，雄蛙是 XY。它们的蝌蚪在 20℃下发育，有一半的蝌蚪发育成雄蛙，一半的蝌蚪发育为雌蛙。但在 30℃下发育，不管是 XX 的蝌蚪还是 XY 的蝌蚪，全部发育成雄蛙。这说明，高温可以改变性别发育的方向，但是并没有改变它们的染色体成分。XY 的个体自不必说，XX 类型的蝌蚪虽然发育成雄蛙，但它们的染色体组成还是 XX。

总而言之，不管是内部环境（激素）或外部环境（温度）条件，都只能影响性别的发育和表现，而不影响性染色体的成分，即不能改变基因型。

最后我们略谈一下植物的性分化。前面讲过，与动物不同，绝大多数植物不存在性染色体，因为绝大多数植物都是雌雄同株，它们没有由性染色体决定性别的现象，但是却有性分化。性分化比较容易受环境条件的影响。在黄瓜、南瓜、西瓜等葫芦科植物中曾进行过许多试验，发现丰富的氮肥、短的日照和低的夜间温度有利于雌性的发育，即雌花比雄花占优势。此外，目前在黄瓜等瓜类蔬菜的“杂种一代”育种及大田生产中，已开始利用“乙烯利”，来诱导产生雌性株（只开雌花不开雄花）以节省下一代杂种制种中人工去雄的麻烦，从而降低制种成本并显著提高瓜果的产量。因为对瓜类作物来说，雄花是花而不实的“谎花”，而减少雄花多开雌花是多结瓜的有效措施。

遗传与环境

◎基因型和表现型

前面说过，遗传现象就是亲子之间性状的相似性。所谓“性状”，就是生物的形态特征和生理特性。比如，小麦穗子的有芒和无芒就是形态特征，小麦的抗病性就是生理特性。小麦的芒是从上代小麦传下来的，孔雀的美丽羽毛是从上代孔雀那里得到的。如果从表面现象上看，很可能以为生物遗传给后代的是“性状”。其实生物的任何性状都是不能直接遗传的。生物只能产生雌雄性细胞并通过它们的结合（受精）而进一步产生新的后代，但是性细胞或受精卵里根本不含有小麦的芒或鸟的羽毛等具体性状。科学发展到今天，即使是用电子显微镜来观察鸟卵，也看不到任何微小的“羽毛”存在。就是无性繁殖的植物，直接由一部分身体细胞发展成新个体，在那些细胞里也找不到新个体的任何性状。由此可见，生物遗传的不是性状。但是，在生物的受精卵以及无性繁殖生物的细胞又确实存在着发育成性状的可能性。现在我们知道，这种可能性并不是虚无缥缈、不可捉摸，而是具有一定的物质基础的。这些奇妙的物质可以在一定的环境条件下使受精卵或细胞组织发育成新的个体并产生出与亲体相似的各种性状。

现代遗传学认为，亲代给子代遗传的就是这么一套遗传物质，这些遗传物质构成了生物的遗传基础，我们称之为“遗传型（H）或基因型（G）”。后代表现出来的各种性状叫作“表现型”（P）。基因型和环境条件（E）共同作用产生表现型。三者的关系可以用下面的公式表示：

$$H + E = P$$

遗传型、表现型和环境条件三者的关系可以用一个典型的例子来说明。比如，玉米中有一个“日光红”的品种，在日光作用下，这个品种茎秆、叶片、苞叶都表现出淡红色，如果把植株的某一部分遮光，遮光的部分就不表现红色。可见出现红色是表现型，日光是环境条件，出现红色的可能性就是基因型。表现型是可见的，基因型是不可见的，只能通过表现型去认识它。在遗传学中，基因型和表现型是非常严格的两个概念，必须区别清楚。黑人和非黑人的基因型是不同的，但他们的表现型则可能不同，也可能相同。例如，晒太阳的非黑人和黑人，他们的表现型是不同的，但黑人和晒太阳的非黑人却可有相似的表现型。

知识小链接

表现型

表现型是具有特定基因型的个体在一定环境条件下，所表现出来的性状特征的总和。它包括基因的产物，各种形态特征和生理特性，甚至各种动物的习性和行为等。但在杂交试验中，表现型仅指与分离有关的性状，表现型还可以受多个基因的控制，并不是简单的线性关系。

◎遗传的变异和不遗传的变异

我们已经知道，变异性就是生物亲代和子代之间的不相似性（相异性）。变异性是生物多种多样性的来源。譬如，同是小麦，有的有芒、有的无芒，同是玉米，有的粒白、有的粒黄，同是高茎豌豆，植株的高度也不完全一样，同是红果番茄，果实的红色还会有深有浅等等。

面对生物界形形色色的变异，达尔文早就把它们区分为两类：遗传的和不遗传的。现代遗传学以大量的证据支持了达尔文的论点，同时在认识变异的本质方面，比达尔文当时深刻多了。

凡性状的变异能在后代重复出现的叫作可遗传的变异，像上面所举的小麦的有芒无芒、玉米的白粒黄粒等都是遗传的变异。遗传的变异是由于遗传物质也就是基因型的改变产生的。遗传物质发生改变以后，会影响到新陈代谢的生理生化过程，从而引起性状的变异。但是，也有一些变异并不涉及遗传物质基础的改变，它们仅仅是由于外界环境条件直接作用于生物体的新陈代谢过程的结果。像上面所举同品种豌豆的高度、豆粒的大小等上下代及个体间存在的差异就是这样，也许是有的植株获得的养料多一点，所以，它们长得高一点，豆粒大一点。但是这些性状变异并不遗传给后代。正如有的人经常在太阳地里工作，皮肤的颜色会变得黑黑的，但是，他们的子女并不一定是“黑孩子”。又如，中国妇女在封建时代长期被迫缠足，但是，所生子女从来就没有一个是小脚的。由此看来，这种环境条件所引起的变异是不遗传的。

对于遗传的变异和不遗传的变异，最有说服力的例证是丹麦遗传学家约翰逊1900年所做的菜豆试验。

约翰逊从市场上买回了菜豆种子，这些种子大小很不一致。他先进行了选择试验，发现从重种子播种得到的后代种子平均重量重，从轻种子播种得到的后代种子平均重量轻。说明选择是有效的。第二年他从中选取了19粒轻重不同的种子（每粒种子来自不同的植株）播种，长成了19株植株，共收获了524粒种子。他按株计算种子的平均重量，从而得到了19个种子重量不同的菜豆“品系”。第三年再把这些种子分品系播种，并继续进行系谱观察和记载，又收获了5494粒种子。他发现各品系后代种子的平均重量是稳定的，而各品系之间的差异是显著的并且是可以遗传的。但是他在19个品系的系内分别选取的重种子和轻种子加以繁殖，各自计算它们后代种子的平均重量，连续试验了6年，发现每一系内最轻种子和最重种子的后代，种子的平均重量并无多大差异，说明再选择下去没有效果。因此，约翰逊认为在纯系内选择是没有作用的，这就是有名的纯系选择无效的理论或“纯系学说”。

我们引用一些数字来说明就更清楚了。譬如，第一纯系（品系）的后代种子平均重量是64.2毫克，第二纯系是55.8毫克，第五纯系是51.2毫克……第十九纯系是35.1毫克，这种差异是显著的，说明19个品系具有遗传上的差异。但是在19个纯系的每一系内则不然，大种子长成的后代与小种子长成的后代并无显著差异。如在第二纯系中，40毫克重的种子后代种子平均重57.2毫克，70毫克重的种子后代平均重55.5毫克，第五纯系中分别是

52.8 毫克和50.2 毫克。约翰逊正是从他的试验中正确地区分了“遗传的变异”和“不遗传的变异”，并首创了“基因型”和“表现型”的概念。市场上买回来的种子，在遗传上是混杂的群体，他选择分离的19个品系，正是从混杂的群体中选出来的。它们之间由于基因型的不同，这种变异是可以遗传的。但是在通过选系而纯化了的同一品系内，轻种子和重种子之间在基因型上并无不同，它们的差异只是由于环境条件的不同而引起的，这种变异不能遗传，在遗传学上特称为“彷徨变异”。

基因型和表现型是属于不同的范畴。不同的基因型可以有不同的表现型，例如结球的大白菜和不结球的小白菜表现型显然不同。但是不同的基因型也可以有相同的表现型，例如结球的大白菜如果播种期不合适，并且种在非常瘠薄的土壤里，它也会像小白菜一样不结球。

约翰逊将基因型和表现型加以严格区分，并在此基础上创立了“纯系学说”，这对于以后遗传学的发展和指导育种实践均有重要意义。

◎遗传和个体发育的关系

亲代遗传给子代的是一整套遗传物质。这一整套遗传物质只有在一定的环境条件下，通过个体发育，才能形成与亲代相似的各种性状。也就是说，从遗传型到表现型之间有一个个体发育的过程。个体发育的过程就是生物体从受精卵开始，吸收外界环境中的物质转化为自身物质的过程，这种转化的结果最后表现为性状。这一转化过程是由遗传基础（基因型）决定的，基因型不仅设计了性状发育的“蓝图”，而且还规定了性状发育的严格顺序和表现时间。譬如番茄，在苗期有苗期的某些性状，在花期有花期的某些性状，在结实期有结实期的某些性状，在成熟期有成熟期的某些性状，它们的先后顺序不能颠倒。以其一个性状（如抗病性）来说，有的品种苗期感病、成株抗病，有的品种苗期抗病、成株感病，有的品种苗期和成株都感病或都抗病。同一性状表现于不同的时期也是受遗传的控制的。

性状的表现与生物体内的生化过程有关。例如，植物茎叶的绿色是由于形成了叶绿素。春天各种花的颜色是由于形成了不同的花青素和类胡萝卜素。

如果形成这些色素的生化过程中断了，绿色植物就会淡然失色，出现苍白的面孔，表现“贫绿病”，石榴开花也就不会“红似火”，而可能“白如雪”了。

性状与生化过程有关，而生化过程又是受高效生物催化剂——酶的影响的。例如，玉米的矮生性就是由于玉米植株内生成了一种氧化酶，这种酶破坏了生长点内的生长素，没有生长素，植株的个儿就长不高。酶是一种蛋白质，蛋白质的合成是受遗传基因控制的，基因通过控制酶的合成而影响生化过程，进而影响性状。矮生玉米和普通玉米这种基因的差异，造成了植株体态如此悬殊的变化。

在生物的个体发育中，任何一种生化过程都是由很多生化反应构成的。比如，蛋白质的合成过程就相当复杂，有一系列的生化反应，每一反应都有一种酶参加，也就是说每一个反应都有基因控制。

无论是在微生物、动植物中，基因作用的方式可以通过酶的合成控制生化过程，通过生化过程影响个体发育，最终影响到个体的性状。

◎环境条件对基因型和表现型的影响

现代遗传学有一个重要的观点，就是基因型的相对稳定性和表现型的相对不稳定性（易变性）。基因型的相对稳定性是说在一般环境条件下它不易受到影响而发生改变，除非是某些强烈的物理化学因素改变了基因的结构或成分，或者外界条件本身就是遗传物质。表现型则不一样，它受环境条件的影响很大，这就是同一种基因型在不同条件下会出现各种表现型的缘故。例如，有一种水生植物叫水毛茛，它的叶片的形态因外界条件的不同而有很大差异，当浸泡在水中时，叶片出现很深的裂刻，长成丝状，而在水面外的叶子却是正常的扁形叶。水生植物慈菇的叶子也有类似情况。另有一种植物叫臧报春。有些品种的花色极易随温度而改变，在20℃时开红花，30℃时开白花。另一些品种无论在20℃或30℃时都开白花。说明前者易受温度影响，后者不易受到影响。

喜马拉雅白化家兔随着温度的改变可以长出不同颜色的毛。在30℃以上

水毛茛

的温度条件下，长出的毛都是白色的；在25℃的温度下长出的毛则有差异。体温较低的部位如四肢、尾巴、耳朵、鼻尖的毛为黑色，其余的毛为白色。如果把躯干部的一部分毛拔去，并将这部分设法保持在25℃以下，那么，这部分长出的毛也是黑色的。但是其他一般白化家兔则与喜马拉雅白化家兔不一样，在25℃和30℃的情况下都只能长出白色的毛。这说明不同的基因型对不同环境条件的反应是不相同的。遗传学上把一种基因型在不同环境中可能的反应范围叫作“反应规范”。上面的例子中，水毛茛、喜马拉雅白化家兔以及臧报春的某些品种都是反应规范比较广泛的，它们的表现型容易受环境条件的影响。

◎ 获得性可以遗传吗

“获得性”是获得性状的简称。它所指的是生物在生命活动过程中或者说在个体发育过程中在外界环境条件作用下发生的具有适应意义的变异。这种变异是后天发生的，不是先天发生的。很显然，这是环境条件引起的表现型的定向变异。

获得性在自然界广泛存在。但是对于获得性能不能遗传给后代却是生物界长期争论不休的问题，直到现在还未完全解决。

拉马克最先提出“用进废退”和获得性遗传的理论来说明生物的进化。达尔文接受了拉马克的论点，也认为获得性遗传在生物进化中有一定作用。魏斯曼和摩尔根学派否认获得性遗传，认为获得性在进化上没有意义。以李森科为首的米丘林学派则主张获得性遗传，认为生物通过获得性遗传而进化，并企图通过一般生活条件的改变达到改变生物遗传性的目的。

然而，通过大量精密严格的科学实验证明，获得性是不遗传的。在高等动植物中尤其如此。由环境条件引起的变异（获得性），一般只限于当代。譬如，给一株棉花精心管理并供应足够的肥水和营养面积，这株棉花可能长得又高又大，分枝很多，棉桃累累，甚至成为一株“棉花王”。这棉花大王若能将它的性状稳定地遗传下去，那么，每年的棉花大丰收就不用发愁了，然而事实上并不这么容易。如果下一年把它的种子种在一般大田里，不再给它特殊照顾，棉花大王就不威风了。而相反地，在玉米制种中我们常常见到单交种或双交种的种子都是瘦小干瘪而不饱满的，但由于它们具有特殊的已经改变过的遗传基础，由这些种子长出的植株却具有强大的优势，是它们原来的亲本自交系望尘莫及的。

广角镜

获得性遗传

拉马克学说的内容之一，就是通常说的“用进废退”。拉马克认为，具有神经的高等动物，后天获得性性状可以传到下一代。即只要获得的性状为双亲所共有，就能通过繁殖保存在它们的后代中。较有名的例子除长颈鹿外，还有对鹭、鹤等涉禽长腿的解释，即这些鸟类长期生活在水边，但不喜欢游水，为了不使身体陷进淤泥，就尽力伸长腿部；为了吃到水里的鱼虾，又不至于濡湿身体，就尽力伸长颈部。这样获得的性状，逐代遗传下去，年深日久，就成了长颈长腿的涉禽了，还有铁匠的儿子将来肌肉一定发达等有名的自相矛盾荒唐的例子。

可见，凡不涉及遗传基础的变异都是不遗传的，获得性就是这样的变异。只有遗传基础发生的变异才可能遗传。达尔文以前的科学工作者没有做过精密严格的试验和深入细致的分析，而且受当时科学发展水平的限制，得出的结论不一定符合客观实际。如同人们看到太阳每天东出西落就很容易相信太阳是转动的而地球是不动的一样，关于获得性可以遗传的说法也正是由于迎合了人们对日常生物界一些现象的表面认识和错觉，因而一度迷惑了不少人。特别是以李森科为代表的“学派”由于不承认生物有特殊的遗传物质，主张生物体的“一点一滴”都具有遗传性，他们对生物体的变异不区分哪些是遗

棉 花

传的变异，哪些是不遗传的变异，并且无限夸大外因（环境）的作用，认为凡是环境条件引起生物体的变异都可以遗传下去，因此，他们主张要改变生物的遗传性就要从改变环境条件着手。李森科的学说虽然曾经风靡一时，但终因经不住实践的检验而被抛弃了。

当代遗传学、细胞学和胚胎学的研究都越来越说明，起码在高等动植物中获得性遗传是缺乏实验根据的，相反的，却有日益增多的实验令人信服地证明获得性是不遗传的。比如，移植受精卵繁殖良种牛，受精卵是从良种母牛体内取出的，把它注入任何普通母牛体内，良种牛的受精卵在普通母牛的子宫内发育为胚胎，长成牛犊，在出生之前的整个时期完全是由普通母牛提供营养条件，环境条件对受精卵和胚胎的影响不可谓不大，影响的时间不可谓不长，但是，所生小牛却只具有提供“微不足道”的精、卵细胞的良种公牛和良种母牛的遗传特性，而拒不接受孕育它成长的普通母牛的遗传特性。这并非小牛“忘恩负义”，而恰恰是它的“不忘其本”，因为普通母牛不是小牛的真正母亲，只是小牛的“假母”或“养母”，它不过是产生小牛的“活机器”，如同孵卵箱孵化出来的小鸡是来航鸡或是白洛克鸡完全取决于鸡蛋本身，而与孵卵箱的型号无关。

由此看来，从遗传学的角度讲，遗传型之于环境，始终是第一位的。要改变生物的遗传性，只能在改变遗传基础方面想法子。而遗传基础的改变，一般的环境条件通常是无能为力的，只能用特殊的外界条件如强烈的物理化学因素或遗传物质的直接参与才能达到目的，除此之外，都是枉费心机的。

性别与遗传

大家知道，动物有雌雄（公母）之分，人有男女之别。以人来说，男人和女人除了初级性征（睾丸、卵巢等）的差异外，在乳房、皮下脂肪、体毛、骨盆等副性征方面都有明显的不同，在声调上也存在着明显差异。男人声调洪亮深沉，女人声调清脆高亢。即使都唱高音，男高音和女高音也是大不相同的。这些差异都是由于性别的不同而引起的，是可以遗传的。植物也有性别的分化，但不像人和动物那样明显。除了有少数植物是雌雄异株而外，大多数植物都是雌雄同株的，有的雌雄同花，有的雌雄异花。总而言之，性别是生物界的一种普遍现象。

人的生男生女，动物和植物的雌雄性别究竟是怎么一回事？

知识小链接

骨　盆

髋骨是由髂骨、坐骨及耻骨联合组成的不规则骨骼。骨盆的关节包括耻骨联合、骶髂关节及骶尾关节。骨盆的主要韧带有骶骨、尾骨与坐骨结节间的骶结节韧带和骶骨、尾骨与坐骨棘之间的骶棘韧带。

◎性染色体与性别决定

细胞遗传学的研究表明，生物性别的差异大多是由性染色体决定的。

人和动物细胞核里的染色体是有分化的，有的染色体与性别有关，叫作“性染色体”，其他的染色体叫作“体染色体”或“常染色体”。

譬如，人的染色体共有 23 对，其中 22 对与性别无关，另外一对与性别有关。这一对染色体的大小形状不同，大的叫 X 染色体，小的叫 Y 染色体。在男性的身体细胞中，X 和 Y 同时存在，女性的身体细胞中没有 Y 而有两个

X。果蝇有4对染色体，其中3对为常染色体，一对为性染色体。雌果蝇为XX，雄果蝇为XY。X染色体为棒状，Y染色体在棒的一端多了一个钩。猪、牛、羊、马、兔等多种高等动物都具有这种类型的性染色体组成，即雌的性染色体同型为XX，雄的性染色体异型为XY。遗传学上把这种性染色体类型特称为“XY型”。XY型的生物，雄性个体在细胞减数分裂时可以形成两种配子（精子），一种精子含有X，一种精子含有Y。雌性个体只能形成含X的一种卵子。因此精卵结合所产生的后代一半是雄性个体，一半是雌性个体。

因为雄性个体中的Y染色体只能来自雄的个体（父本），而不能来自雌的个体（母本），所以，生男生女主要决定于父亲而与母亲无关。长期以来把不生男孩归咎于女方，实在是有些冤枉。

XY型的生物，雌性个体和雄性个体细胞中的性染色体组成不同，在显微镜下面可以清楚地区别。另外，带有X染色体的精子和带有Y染色体的精子在物理化学性质方面也不同。例如，把兔子的精液取出，放在一个U形玻璃管内，在U形管的两端各插一个电极，结果带有X染色体的精子大都游向阳极，带有Y染色体的精子大都游向阴极。把阴极这一端的精液取出来给母兔进行人工授精，母兔怀孕生的小兔大多是雄兔，相反，把阳极这一端的精液取出授精，生下的大多为雌兔。在其他家畜方面也得到过类似的结果。

这说明性染色体X和Y确实

你知道吗

人工授精

所谓协助性人工授精，就是将精子或卵子取出体外，经过处理或培养成胚胎后，再植入人体内。其中大家最熟悉的就是“试管婴儿”。实际上最简单的精子洗涤合并子宫内的人工授精术也是人工授精的一种，对于轻度的不孕症疾病，如轻度的精子活动力差，夫妻体内的抗精子抗体的自体免疫疾病，子宫颈的疾病者，施以人工授精治疗每次有20%的怀孕率，治疗3次有50%的怀孕率。即使严重性的男性精子稀少症或无精症的患者，通过精子显微注射术也有生儿育女的机会。

决定后代的性别。生物千差万别，性染色体的类型也不一样。

比如，另有一些动物（例如鸟类、蛾类、蝶类和某些鱼类）性染色体的组成刚好与上述哺乳类、蝇类、人类的相反，雄的性染色体是同型的，即XX，雌的性染色体为XY。这类生物的后代是雄是雌，关键则在于雌体（母亲）。因为雄的只能产生X精子，雌的则可产生X和Y两种卵子。为了避免与前面那些生物类型发生混淆，遗传学上把这里的XX写作ZZ，把XY写作ZW。ZZ为雄性个体，ZW为雌性个体。这类生物特称为“ZW型”。

无论第一类（XY型）或第二类（ZW型）的生物中都有一些特殊的类型。在第一类中，雄性个体只有X染色体而没有Y染色体，像这一种类型叫作XO，如蝗虫。在第二类中雌性个体只有Z而无W，叫作ZO型。还有一些动物，雄的是单倍体（n），雌的是二倍体（$2n$），性别决定于整个染色体的倍数，如蜜蜂、蚂蚁就是这样。

在性染色体是XY或XO的情况下，可以产生两种精子；在性染色体是ZW或ZO的情况下，可以产生两种卵子。但这两种情况本质上是一样的，即性别主要由一定的染色体决定。

一般地说，生物性染色体数目是稳定的，如发生改变就会干扰发育。人类性别上常见的克氏综合征（先天性睾丸发育不全）和特纳氏综合征（先天性卵巢发育不全），经染色体检查证明前者为44＋XXY，即多了1条X染色体，后者为44＋XO，即少了1条X染色体。这都是由于染色体畸变引起的疾病。

以上是人和动物性染色体的情况。在植物中的情形又有所不同，雌雄异株的植物（如大麻、菠菜等）也有性染色体的分化，它们的性染色体虽然也是XY型，但在细胞学上X染色体和Y染色体一般没有差异。而大多数植物都没有性染色体的分化，由某些基因决定植株的性别。例如，玉米中偶然出现的雌株和雄株就是由于某些基因的不同而引起的，这些基因所在的染色体就起着性染色体的作用。

遗传

遗传与疾病

◎ 遗传性疾病概论

常人有 23 对（46 条）染色体，其中 22 对是常染色体，另一对是性染色体，女性为 XX，男性为 XY。每一对染色体上有许多基因，每个基因在染色体上所占的部位称位点。基因由去氧核糖核酸（DNA）组成，当 DNA 的结构变异为致病的基因时，临床上即出现遗传性疾病。

◎ 色盲症的发现

18 世纪英国著名的化学家兼物理学家道尔顿，在圣诞节前夕买了一件礼物—— 一双“棕灰色”的袜子，送给妈妈。妈妈看到袜子后，感到袜子的颜色过于鲜艳，就对道尔顿说：“你买的这双樱桃红色的袜子，让我怎么穿呢?”道尔顿感到非常奇怪，袜子明明是棕灰色的，为什么妈妈说是樱桃红色的呢?疑惑不解的道尔顿又去问弟弟和周围的人，除了弟弟与自己的看法相同以外，被问的其他人都说袜子是樱桃红色的。道尔顿对这件小事没有轻易地放过，他经过认真地分析比较，发现他和弟弟的色觉与别人不同，原来自己和弟弟都是色盲。道尔顿虽然不是生物学家和医学家，却成了第一个发现色盲症的人，也是第一个被发现的色盲症患者。为此他写了篇论文《论色盲》，成为世界上第一个提出色盲问题的人。后来，人们为了纪念他，又把色盲症称为道尔顿症。

拓展阅读

位　点

位点是染色体上一个基因或者标记的位置。位点有时特指 DNA 上有表达功能的部分。

遗传病通常具有先天性、

家族性、罕见性和终生性的特征。

◎人类遗传病的种类

按照目前对遗传物质的认识水平，可将遗传病分为单基因遗传病、多基因遗传病和染色体病三大类。

（1）单基因遗传病

同源染色体中来自父亲或母亲的一对染色体上基因的异常所引起的遗传病。这类疾病虽然种类很多，有 6000 种以上，但是每一种病的患病率较低，多属罕见病。欧美国家统计，约 1% 的新生儿患有较严重的基因病。按照遗传方式又可将单基因病分为四类：①常染色体显性遗传病。人类的 23 对染色体中，一对与性别有关，称为性染色体，其余 22 对均称常染色体。同源常染色体上某一对等位基因彼此相同的，称为纯合子，一对基因彼此不同的称杂合子。如果在杂合状态下，异常基因也能完全表现出遗传病的，称为常染色体显性遗传病，如多指并指，这类遗传病的发生与性别无关，男女患病率相同。父母中有一位患此疾病，其子女中就可能出现患者。据估计，约 7‰新生儿患有常染色体显性遗传病。②常染色体隐性遗传病。常染色体上一对等位基因必须均是异常基因纯合子才能表现出来的遗传病。大多数先天代谢异常均属此类。父母双方虽然外表正常，但如果均为某一常染色体隐性遗传基因的携带者，其子女仍有可能患该种遗传病。近亲婚配时容易产生纯合状态，所以其子女隐性遗传病的发病率也高。③常染色体不完全显性遗传病。这是当异常基因处于杂合状态时，能且仅能在一定程度上表现出症状的遗传病。如地中海贫血，引起该病的异常基因为，纯合子表现为重症贫血，杂合子则表现为中等程度的贫血。④伴性遗传病。分为 X 连锁遗传病和 Y 连锁遗传病两种。有些遗传病的基因位于 X 染色体上，Y 染色体过于短小，无相应的等位基因，因此，这些异常基因将随 X 染色体传递，所以称为 X 连锁遗传病。也分为显性和隐性两种，前者是指有一个 X 染色体的异常基因就可表现出来的遗传病，由于女性拥有两条 X 染色体而男性只有一条，所以女性获得该显性基因的机会较多，发病率高于男性，但这类遗传病为数很少，至今仅知 10 余种。如 Xg

血型，又如抗维生素D佝偻病是X连锁不完全显性遗传病。X连锁隐性遗传病是指X染色体上等位基因在纯合状态下才发病者，在女性，只有当两条X染色体上的一对等位基因都属异常时才患病，如果其中有一条X染色体的等位基因正常就不会患有此病。但是男性只有一条X染色体，只要X染色体上的基因异常，就会表现出遗传病，所以男性发病率高于女性发病率。这种伴性隐性遗传病占伴性遗传病的绝大部分，例如红绿色盲、血友病等都比较常见。据估计约1‰新生儿患有X连锁遗传病。Y连锁遗传病的致病基因位于Y染色体上，X染色体上则无相应的等位基因，因此这些基因随着Y染色体在上下代间传递，也叫全男性遗传。在人类中属于Y连锁遗传病的有外耳道多毛症等。

（2）多基因遗传病

与两对以上基因有关的遗传病。每对基因之间没有显性或隐性的关系，每对基因单独的作用微小，但各对基因的作用有积累效应。一般说来，多基因遗传病远比单基因遗传病多见。受环境因素的影响，不同的多基因遗传病，受遗传因素和环境因素影响的程度也不同。遗传因素对疾病发生的影响程度，可用遗传度来说明，一般用百分数来表示，遗传度越高，说明这种多基因遗传病受遗传因素的影响越大。例如唇裂、腭裂是多基因遗传病，其遗传度达76%，而溃疡病仅37%。多基因遗传病还包括一些糖尿病、高血压病、高脂血症、神经管缺陷、先天性心脏病、精神分裂症等。在人群中，多基因遗传病的患病率在2%～3%。

（3）染色体病

指由于染色体的数目或形态、结构异常引起的疾病。新生

广角镜

腭　裂

腭裂较为常见可单独发生，也可并发唇裂。腭裂不仅有软组织畸形，大部分腭裂患者还可伴有不同程度的骨组织缺损和畸形。他们在吮吸、进食及语言等生理功能障碍方面远比唇裂严重。由于颌骨生长发育障碍还常导致面中部塌陷，严重者呈碟形脸，咬合错乱。因此，腭裂畸形造成的多种生理功能障碍，特别是语言功能障碍和牙错乱，对患者的日常生活、学习、工作均带来不利影响，也容易造成患者的心理障碍。

儿中染色体异常的发病率为0.5%。染色体异常称为染色体畸变，包括常染色体的异常和性染色体的异常。但是染色体病在全部遗传病中所占的比例不大，仅十分之一左右。

◎ 近亲结婚与遗传病

婚姻法规定："直系血亲和三代以内的旁系血亲禁止结婚。"这是符合优生学原则的。近亲是指群体中的两个人有共同祖先。近亲婚配，就是指血缘相近的两个个体间的通婚。表兄妹结婚就是常见的近亲结婚。直系血亲是指生育自己和自己所生育的上下各代亲属，如祖父母→父母→本人→子女。三代以内的旁系血亲是指从自身算起，从父系和母系分别向上或向下各推三代，如父（母）的兄弟姐妹→父（母）兄弟姐妹的子女→父（母）兄弟姐妹的孙子女及本人兄弟姐妹的子女、孙子女等。

常染色体隐性遗传病的患儿双亲常为近亲婚配。一种新的遗传病种如果在近亲婚配的家庭中发生，这就表明可能为常染色体隐性遗传。近亲婚配虽然也增高多基因遗传病的发病率，但增高的幅度不如常染色体隐性遗传病者大。例如，当一个人是某种遗传病的致病基因携带者时，他的姨表姐妹有1/8的可能性也是携带者，二人结婚后生纯合的患儿风险为$1\times\frac{1}{8}\times\frac{1}{4}=\frac{1}{32}$。已知每个人都是5~6种致病基因的携带者，就这几种致病基因来进行总的估计，表兄妹结婚后生纯合患儿的风险$1\times\frac{1}{8}\times\frac{1}{4}\times5.5=\frac{5.5}{32}$，即为17%。这是一个相当高的概率，所以亲表兄妹之间不宜结婚。不仅如此，即使他们的子女（第二代表兄妹或从表兄妹）之间的婚配也是不宜的。

近亲结婚使遗传病和先天性畸形、智力障碍的发生率大大增加。这是因为，近亲结婚的配偶所携带的相同致病基因的可能性是很大的。在一般婚配中，夫妇双方即使一方有致病的隐性遗传基因，也会被另一方的正常基因所掩盖，使后代不表现异常。而近亲结婚就不同了，夫妇有共同的祖先，有5~6个相同的致病基因。堂兄弟姐妹之间，从共同的祖先得到相同基因的机会为

$\frac{1}{8}$，于是双方致病基因相遇，使得后代患先天性缺陷或遗传病就显露出来。非近亲与近亲结婚对后代的影响差别是极为显著的。近亲结婚的子女围产期、新生儿、婴儿死亡率均比非近亲结婚者高1～2倍，可以说近亲结婚是某些遗传病发生和延续的“土壤”。如有一种叫肝豆状核变性的遗传病，它是常染色体隐性遗传的单基因病，在正常人群中致病基因携带者的频率为$\frac{1}{100}$～$\frac{1}{500}$，一般夫妇中后代的患病率仅仅是0.25万，而在表兄妹结婚的后代中竟高出50倍。近亲结婚不仅常染色体隐性遗传病的发病率高，多基因遗传病的发病率也增高，如精神分裂症、先天性心脏病、神经管畸形等。多基因遗传病在近亲结婚中的发病率约为9.9%，而非近亲结婚中的发病率只有0.9%左右。此外近亲结婚的子女发育迟缓，身长及体重等指标明显下降，智商也低于正常人的后代。

我国自古以来就有“男女同姓，其生不蕃”之说，说明从历史上已领悟到近亲结婚对后代的危害。近亲结婚多发生在人烟稀少、偏僻闭塞、经济文化不发达的地区。世界上也有很多国家的某些地区因近亲结婚而受害，甚至个别地区近亲结婚使一个种族逐步退化，因此很多国家都制定了禁止近亲结婚的法律规定。随着经济文化的发展及法律的限制，目前近亲结婚的现象已经越来越少。近亲结婚危害极大，它不仅危害家庭、家族，还影响整个民族和国家的人口质量。

知识小链接

神经管畸形

神经管畸形，又称神经管缺陷，是一种严重的畸形疾病，神经管就是胎儿的中枢神经系统。在胚胎的第15～17日开始，神经系统开始发育，至胚胎22日左右，神经褶的两侧开始互相靠拢，形成1个管道，称为神经管，它的前端称为神经管前孔，尾端称为神经管后孔，胚胎在24～26日时，前孔及后孔相继关闭。胎儿神经管畸形主要表现为无脑儿、脑膨出、脑脊髓膜膨出、隐性脊柱裂、唇裂及腭裂等。

◎皇室病的灾难

1838 年 8 月 28 日，18 岁的亚历山大·德丽那·维多利亚登上了英国女王的宝座。她的父亲是英王乔治四世的弟弟肯德公爵爱德华。她的母亲出身于历史悠久的德国名门萨克森·科堡皇族。她从即位至 1901 年去世，在位 60 余年，是英国历史上统治时间最长的一位国王。这一个期间也是英国历史上的黄金时代，率先开始了工业革命，经济上也得到突飞猛进的发展，英国也被称为“统御七海”的“日不落帝国”。

1840 年 2 月，20 岁的维多利亚女王和她的表哥（舅舅的二子）阿尔伯特结婚，当时谁也没有想到，这场婚姻会给她的个人生活带来巨大的不幸。他们一共生下了 9 个孩子，4 男 5 女，4 个男孩子有 3 个患有遗传病——血友病，女孩子也是血友病基因的携带者。

她的 3 位王子都是 2 岁左右发病。这是一种稍有碰撞即出血不止的疾病。当时的医学界对此毫无办法，连最高明的医生也束手无策，结果一个个都早夭。

所幸的是 5 位公主却都美丽健康，也像她们的母亲一样聪明，于是不少国家的王子都前来求婚，他们都为能得到维多利亚女王的女儿而感到无上的光荣和自豪。然而当她们先后嫁到了西班牙、俄国和欧洲的其他王室后，她们所生下的小王子也都患上了血友病。这件事把欧洲许多王室都搅得惶恐不安，所以当时把血友病称为“皇室病”。

血友病是一种“伴性遗传”疾病，也就是说，这种病与人的

你知道吗

血友病

血友病是一组遗传性凝血因子缺乏引起的出血性疾病。在我国，血友病的社会人群发病率为$\frac{5}{10^5}$~$\frac{10}{10^5}$万，婴儿发生率约$\frac{1}{5000}$。典型血友病患者常自幼年发病、自发或轻度外伤后出现凝血功能障碍，出血不能自发停止；从而在外伤、手术时常出血不止，严重者在较剧烈活动后也可自发性出血。血友病是女性携带导致下一代男性发病，可以进行妊娠后的产前诊断，进行优生优育。

性别有关。该病的基因就位于细胞中的 X 染色体上。男性的性染色体是 XY 型，当染色体 X 为病变染色体时就会发病。而女性的性染色体是 XX，病变的 X 染色体被另外一条健康的 X 染色体所代偿，所以并不发病。但是尽管她个人不发病，但这条有病变的染色体会继续遗传下去，遗传给她们的子女。在下一代中，男性中有$\frac{1}{2}$的人会发病，而她们的女儿中又有$\frac{1}{2}$的人成为血友病的基因携带者，于是就会继续向下遗传，这就是伴性遗传病的遗传规律。

造成遗传病的原因，主要还是近亲结婚。维多利亚女王的丈夫是她的表哥，她的子女以至孙子、孙女、外孙、外孙女，也都是在欧洲的皇室中通婚，这个人群中的人数并不多，虽然可以“门当户对”，保持王室血统的“纯洁”，但是也给遗传病创造了“搭车上路”的条件。

◎达尔文与摩尔根的悲剧

达尔文是 19 世纪伟大的生物学家，也是进化论的奠基人。然而在他还没有掌握大自然中生物界的奥秘之前，自己却先受到了自然规律的无情惩罚。

1839 年 1 月，30 岁的达尔文与他的表妹爱玛结婚。爱玛是他舅舅的女儿。他们俩人从小便青梅竹马，感情深厚，由暗恋而结为伉俪。

但是，他们谁也没有料到，他们的 6 个孩子中竟有 3 人夭亡，其余 3 人又终身不育。这件事情让达尔文百思不得其解，因为他与爱玛都是健康人，生理上没有什么缺陷，精神也非常正常，为什么生下的孩子却都是如此呢?

达尔文到了晚年，在研究植物的生物进化过程时发现，异花授粉的个体比自花授粉的个体，结出的果实较大且多，而且自花授粉的个体非常容易被大自然淘汰。这时，达尔文才恍然大悟：大自然讨厌近亲婚姻。

达尔文意识到自己婚姻的悲剧在于近亲，所以他把这个深刻的教训写进了自己的论文。

曾经创立了“基因”学说的本世纪美国著名遗传学家摩尔根，也有一场不该出现的婚姻。他与表妹玛丽结婚后，科研工作取得了杰出的成就。后人写的《摩尔根传》一书中说：“摩尔根在事业上的成功，与玛丽的帮助是分不开的。”但是他们的两个女儿都是“莫名其妙的痴呆”，从而过早地离开了人间。他们唯一的男孩也有明显的智力残疾。

摩尔根夫妇以后再也没有生育。他提出：“没有血缘亲属关系的民族之间的婚姻，才能制造出体质上和智力上都更为强健的人种。”他大声疾呼：“为创造更聪明、更强健的人种，无论如何也不要近亲结婚。”

人体的生殖细胞，即男性的精子和女性的卵子，都有 23 条染色体，上面一共有 10 万“基因”。基因上面携带着生命遗传的“密码”。

据估计，在 10 万个基因上，总归会有五六个隐藏的遗传病基因。只要不是近亲婚姻，男女双方的致病基因就难以相遇。而在近亲之中，这种更多的机会使它们“对面相逢”。例如有一种遗传疾病，称为“半乳糖血症”，非近亲配偶的子女，发生的机会是$\frac{1}{90000}$，即 9 万对夫妇中才可能出现 1 位病人。然而在表兄妹结婚的人群中，子女发病的危险就有$\frac{1}{4800}$，为前者的 18 倍。我国某地对当地 3355 对三代近亲婚姻所生下的 5227 个子女进行调查发现，患有各种先天性或遗传性疾病的高达 880 人（约占 17%），其中智力低下的人高达 98 人，远远大于同一地区中非近亲婚姻子女的发病率。

◎ 家族遗传病

所有的遗传病均来自于婚配，即生殖细胞或受精卵的染色体和基因发生突变，这类疾病通常是垂直传递，即父母遗传给子女，上代传给下代，也就是我们经常看到的具有“家族史”的特征。

地中海贫血、蚕豆病等单基因突变的疾病多由患病亲代传来，而大多数先天性心脏病、癌症、高血压、冠心病、痛风、精神分裂症、抑郁症及糖尿病等都是由多个基因和环境因素共同作用的结果，属于多因素遗传病。

（1）地中海贫血

地中海贫血（简称地贫）是我国南方各省份最常见、危害最大的遗传病，人群发生率高达 10% 以上，以广东、广西为主。此病目前国内外尚无有效的治疗方法，仅能依靠输血维持生命。由于极易发生各种并发症，患者多于青少年期死亡，给家庭和社会带来沉重的负担。

若夫妇双方同为轻型地贫（即地贫基因携带者），夫妇就有可能将相同有害基因同时传递给子女，使子女呈显性疾病。怀孕以后，对子代的遗传概率是：$\frac{1}{4}$为正常胎儿，$\frac{1}{2}$为轻型地贫（同父母一样），而$\frac{1}{4}$为重型地贫患者。也就是说，每次怀孕都有$\frac{1}{4}$的可能怀上重型地贫胎。

如果夫妇双方都是地贫基因携带者，遗传咨询就显得非常重要了，如果怀疑妊娠为高风险地贫胎儿时，应尽早通过羊水穿刺或绒毛取样后，进行基因检测，以诊断地贫胎儿的基因型，避免重度地贫儿的出生。

（2）家族性高胆固醇血症

家族性高胆固醇血症（简称 FH）是脂质代谢单基因疾病中最常见且最严重的一种，患者早期就可患冠心病和广泛的动脉粥样硬化，多死于心血管疾病，未得到有效治疗的患者很难活到成年，多在 30 岁以前死于心血管疾病。

FH 患者疾病严重程度取决于其基因型——纯合与杂合。父母两个都是隐性致病基因携带者（纯合），其子女多在 10 岁左右就出现冠心病的症状和体征，易发生严重的动脉粥样硬化。男性杂合子（一对等位基因，一个是正常的，另一个是隐性致病基因，称为杂合）30～40 岁就可患冠心病。当然，非遗传因素也对其有影响，如高龄、男性、吸烟、不当饮食

拓展阅读

羊 水

所谓羊水，是指怀孕时子宫羊膜腔内的液体。在整个怀孕过程中，它是维持胎儿生命所不可缺少的重要成分。在胎儿的不同发育阶段，羊水的来源也各不相同。在妊娠前 3 个月，羊水主要来自胚胎的血浆成分；之后，随着胚胎的器官开始成熟发育，其他诸如胎儿的尿液、呼吸系统、胃肠道、脐带、胎盘表面等等，也都成为了羊水的来源。

等也可增加冠心病的发生。

如有家族性高胆固醇血症，准确的产前诊断能早期为孕妇决定是否保留胎儿提供信息，是预防 FH 的重要手段。

知识小链接

动脉粥样硬化

动脉粥样硬化是动脉硬化的一种，大、中动脉内膜出现含胆固醇、类脂肪等的黄色物质，多由脂肪代谢紊乱、神经血管功能失调引起。常导致血栓形成、供血障碍等。

（3）糖尿病

Ⅱ型糖尿病的发病因素复杂，一般认为是遗传因素与其他因素共同作用的结果。在遗传因素中，对不同人群的研究发现，多个基因的突变分别导致Ⅱ型糖尿病的发生，其他因素如肥胖、年龄、高热量的食物等也会引起糖尿病。据调查，有一半的糖尿病患者在 55 岁以后发病，吃高热量的食物和运动量的减少也可能引起糖尿病。

值得注意的是，因线粒体 DNA 的突变导致的糖尿病具有母系遗传特征，即往往通过母亲遗传给子女。15% ~25% 的糖尿病患者的一级亲属（父母与子女之间）可表现为糖耐量试验异常或发展为糖尿病。双亲中若有一人患糖尿病，子女中一生（到 80 岁）患糖尿病的机会为 38% 。

（4）乳腺癌

我国近年来乳腺癌的发病率有上升趋势，据统计，15% ~20% 的患者有家族史，即患者母亲或者外婆患有乳腺癌。研究发现，乳腺癌的遗传与两种基因有关，其中 20% ~30% 的家族性乳腺癌患者是由 $BRCA_1$ 基因突变引起，10% ~20% 的患者为 $BRCA_2$ 基因突变。当个体携带这两个基因之一的突变时，乳腺癌或卵巢癌的发病风险非常高。

通过遗传获得 $BRCA_1$ 或 $BRCA_2$ 基因突变的女性，其一生中发生乳腺癌的风险为 50% ~80% ；遗传得到 $BRCA_1$ 突变，发生卵巢癌的风险约为 25% ；遗

传获得 $BRCA_2$ 基因突变引起卵巢癌的风险要低得多。

对于单基因遗传病的预防，是不是要避免与隐性致病基因携带者婚配呢？从人性的角度讲，并不认为两个带有隐性致病基因的人不可婚配。国际公认原则是对有可能出现缺陷胎儿的夫妇建议做产前诊断，淘汰受累胎儿。而对于多基因的遗传病，已经不能单靠一种方法来预防干预了，因为致病的原因太多，不能肯定哪一种方法明确有效，从饮食、运动、生活方式等着手改变，似乎能起到保健的作用，但对某一种疾病的遗传基因来讲，这些都显得无能为力。

血缘关系的远近是根据带有相同遗传基因的概率来判断的。根据概率可以分为：一级亲属——父母和子女之间以及同胞之间，其基因相同为$\frac{1}{2}$；二级亲属——一个人和他的叔、伯、姑、舅、姨、祖父母、外祖父母之间，基因相同为$\frac{1}{4}$；三级亲属——表兄妹或堂兄妹之间，基因相同为$\frac{1}{8}$。

◎遗传病的研究和诊断

要研究判断某一疾病是否为遗传病可通过以下几个途径：家系调查及分析、孪生子分析、种族比较，伴随性状研究、动物模型和 DNA 分析。通过家系调查、分析，并与人群发病情况比较，不仅可以判断某病是否为遗传病，如果是遗传病的话，还可进一步确定其遗传方式。通过单卵孪生和双卵孪生同胞发病的一致率分析，可能判断某种病受遗传因素及环境因素影响的程度。不同种族和民族发病情况的比较，尤其是对同样生活环境不同种族的发病率的研究可能为遗传病的判断提供重要线索。在伴随症状分析中，目前应用最多的是同种白细胞抗原（HLA）系统，应用这一系统作为遗传病标志。研究作为某一遗传的伴随性状，进行连锁分析，则也能为遗传病的判断提供依据。目前已建立了数十种染色体畸变和单基因遗传病的动物模型，为遗传病的研究提供了有力手段。DNA 分析是近年来发展的重要手段，其中以限制片断长度多态性（RFLP）分析在遗传病判断中应用最多。

基本小知识

抗原

抗原，是指能够刺激机体产生（特异性）免疫应答，并能与免疫应答产物抗体和致敏淋巴细胞在体内外结合，发生免疫效应（特异性反应）的物质。抗原的基本特性有两种，一是诱导免疫应答的能力，也就是免疫原性；二是与免疫应答的产物发生反应，也就是抗原性。

遗传病的临床诊断比其他疾病更困难。一方面遗传病的种类极多，另一方面每一种遗传病的单独发病率很低，所以临床医师在遗传病的诊断上不容易取得经验。除了一般疾病的诊断方法（如病史、体格检查、实验室和仪器检查）外，遗传病的诊断还可能需要依靠一些特殊的诊断手段，如染色体检查，特殊的生化学测定及家系谱分析。遗传病的临床表现是最重要的诊断线索，每一种遗传病都有一些症状、体征同时存在，被称为“综合征”，这是提示诊断的最初线索，也是选择实验室检查和其他遗传学检查的依据。对遗传病患者必须要详细询问家族史并绘制准确可靠的家系谱，对家系谱的分析不仅是遗传病诊断的一项依据，而且对遗传方式的判明及进行遗传咨询也是极为重要的。皮纹分析是遗传病诊断的另一种特殊手段，主要对染色体病最有价值，对其他个别单基因遗传病也可能有一定意义，常用于临床检查的是指纹、掌纹、掌褶纹、指褶纹和脚掌纹。许多遗传病的最后诊断，还有赖于染色体检查和特殊的生化测定或 DNA 分析。

产前诊断是遗传病诊断的一个重要方面，在婴儿出生以前通过穿刺取得羊水或绒毛组织。进行染色体检查、特异的酶活性或

你知道吗

皮纹

皮纹是指生于手指、手掌以及脚趾、脚掌上凸起的纹路。生于手指上的叫指纹，生于手掌及脚掌上的分别叫手掌纹及脚掌纹。皮纹一经发育完成，终生不变。故皮纹已广泛应用于刑侦界、医学界、生物识别领域。

代谢产物测定，或进行 DNA 分析对胎儿的发病情况作出判断，决定是否需要进行人工流产以终止妊娠，这在减少遗传病患儿的出生，提高人口素质方面具有重要意义，尤其在目前人类对大多数遗传病还不能进行有效治疗的条件下，用终止妊娠来防止遗传病患儿的出生更具有突出的意义。近年来由于 B 型超声扫描仪的广泛应用和技术的提高，在产前诊断，尤其是发育畸形的诊断上有很大的价值。胎儿镜也开始应用于产前诊断。

基因诊断是新发展起来的一项重要技术，也能对近百种遗传病作出准确的诊断，但是，由于这些遗传病大多数还不能作有效治疗，所以从医学伦理学的观点来看，除应用于产前诊断外，基因诊断的推广仍存在很大问题。

◎ 优生优育

优生就是让每个家庭都有健康的孩子；优育就是让每个出生的孩子都可以受到良好的教育。优生优育的措施包括禁止近亲结婚、提倡遗传咨询和产前诊断等。

要想生一个健康宝宝，首先要重视婚前检查，把好优生优育第一关，不要让婚检走过场，这样做可能会危及下一代的健康。

引发胎儿畸形的原因除了不可避免的遗传基因突变以外，还和环境污染、病毒、生殖道感染性疾病、饮食习惯及怀孕的季节等等相关。

胎儿畸形不仅给家庭和社会造成很大的负担，也会给孕妇带来精神和肉体上的痛苦，为此，要防止畸形儿的发生，就要从源头抓起：

首先，要认真对待婚前医学检查，通过检查发现的一些疾病，如乙肝、性病等，这些疾病都是会影响后代的健康，引发胎儿畸形，只有治愈后才能怀孕。

第二，做好怀孕前的准备工作，不要盲目怀孕，做到有准备、有计划的怀孕，进行一些必要的检查，如风疹病毒检测。风疹病毒感染会导致胎儿先天性的心脏病及先天性的耳聋，可以通过打风疹疫苗来预防风疹病毒感染；怀孕前 3 个月可服用叶酸片，以防胎儿神经管的畸形。

第三，避免在春冬季怀孕，春冬季病毒较多，在春冬季怀孕的胎儿畸形发生率明显高于夏秋季。

第四，怀孕后立即建立围产保健卡，定期检查，14～20 周时可做唐氏筛查，28 周前做 B 超检测等，这些检查都可以在怀孕早期查出胎儿是否畸形。

第五，防止生殖道感染性疾病。生殖道感染性疾病主要是由于不洁性行为引起的，因此要规范性行为，已确诊的要及时治疗，孕妇发现自己分泌物有异常的也要及时就医，不能因为怀孕而拒绝用药甚至讳疾忌医。

保障新生儿筛查的权利

每一对夫妇都想生一个健康的宝宝，每一位父母都希望自己的孩子能够健康地成长，将来有一个美好的未来。然而，由于遗传和环境的因素，临床上每 100 个新生儿有 4～6 个有先天缺陷，这些缺陷有一些是由遗传因素所引起，包括单一基因异常及染色体异常，另一些则是受到遗传及环境的多因子影响。我国每年新增出生缺陷患儿达 80 万～120 万之多。这不仅给家庭带来痛苦，也给家庭和社会带来沉重的负担。

在出生缺陷疾病中有一类先天性和遗传性代谢病，患儿出生时外表健康，但是随后数天或者数月可出现喂养困难、抽搐、发作性呕吐、嗜睡或昏迷、黄疸、肝脾肿大、肌张力改变、智力落后，甚至死亡。面对这类疾病，是等待疾病发作，出现严重疾患再治疗，还是采取预防方法，避免疾病的发生？随着科学的发展，目前已经可以对出生外表正常的新生儿，采用快速、敏感的实验室方法，对部分危害严重的遗传性代谢病进行普查，其目的是对那些患病的新生儿在临床症状尚未表现之前或表现轻微时通过筛查，得以早期诊断、早期治疗，避免患儿发生智力低下以及严重的器官损害。

国际上对新生儿筛查工作都十分重视。各国遗传性代谢病防治经验表明，以往对已经发病的患者进行治疗，所产生的神经、精神伤残，可逆性非常差。而对遗传性代谢病的预防所获得的效益，远远高于发病后的治疗，防治的重点放在新生儿期，可以有效地降低患者的伤残率、避免疾病对其产生的严重危害。

虽然新生儿疾病筛查已列入《中华人民共和国母婴保健法》，以法律形式确定了每个新生儿都有疾病筛查的权利，但由于经济、文化水平发展的不平衡，目前，除几个沿海省市外，我国总体新生儿遗传代谢病筛查普及率仍不高，很多家长还没有认识到筛查的重要性（即在发病之前，确诊疾病），而是到了发病阶段再四处求医，既给患儿造成无法挽回的痛苦，又增加了医疗费用。因此呼吁即将为人父母者，关心新生儿疾病筛查，在您的孩子出生后及时进行遗传代谢病的筛查，以便早期诊断或排除相关的遗传代谢病。

专家表示，新生儿疾病筛查是预防出生缺陷的最后一道屏障，它能使疾病在严重损害来到之前就获得有效治疗，应引起人们足够的重视。

遗传工程

◎什么是遗传工程

遗传工程有广义和狭义之分。广义的遗传工程包括细胞水平上的遗传操作（细胞工程）和分子水平上的遗传操作（基因工程）；狭义的遗传工程就是基因工程——重组 DNA 技术。1980 年，采用合成生物学的概念；2000 重新定义合成生物学为基于系统生物学的遗传工程。由于人工 DNA 的合成、全基因乃至基因组的合成，21 世纪遗传工程已经进入了人工设计与合成生物系统的基因结构、基因调控网络乃至基因组的时代。

一种遗传学技术，借助生物化学的手段，将一种生物细胞中的遗传物质取出来，在体外进行切割和重新组合，然后引入另一种生物的活细胞内，以改变另一种生物的遗传性状或创造新的生物品种，也叫基因工程。

俗话说：“庄稼一枝花，全靠肥当家。”在肥料中，氮肥又是最重要的一种。

各种庄稼在生长过程中都需要大量的氮肥。可偏偏大豆、花生等豆科作物却可以少施氮肥，甚至不施氮肥，也会长得很好。这是为什么呢？原来豆科作物自己都有许多“小化肥厂”。这些“小化肥厂”就是生长在它们根部的大批根瘤菌。根瘤菌有个特殊的本领——固氮。它们能够把空气中的氮气收集起来，制造成氨，不断地供给豆科作物使用。

除了豆科作物，其他农作物像小麦、水稻、玉米、高粱等，都没有这样的“小化肥厂”，要想获得高产，就要施大量的氮肥。

有没有一种办法，让这些禾本科的作物自己制造氮肥，自给自足？在出现了“遗传工程”这门新科学以后，这种幻想才有了实现的可能。

◎ 遗传工程的应用

“遗传”，说的是生物方面的事儿；“工程”，说的是建筑方面的事儿。

“遗传”和“工程”怎么连在一起呢？难道人们可以像设计新的建筑物那样，来设计新的生物吗？

不错，正是这样。遗传工程这门新科学，要干的就是这件事。

大家都知道，各种生物都跟它们的上一代基本相同，也能生出和它们基本相同的下一代来。这种现象叫作遗传。但是，下一代跟上一代又不可能完全相同，总会发生一些极细微的差异。这种现象叫作变异。那么，遗传和变异是由什么决定的呢？经过科学分析，现在已经断定，这种物质就是核酸。核酸主要集中在每个细胞核里。生物的下一代接受了上一代的核酸，这些核酸对它们的生长和发育起着决定性的作用。所以只要深入研究核酸的化学结构，就可以揭开遗传和变异的奥秘。

核酸是一种非常复杂的化合物，它有两种：①脱氧核糖核酸，通常用DNA 代表；②核糖核酸，通常用 RNA 代表。

我们就以脱氧核糖核酸来说吧，它是一种高分子长链多聚物，一个分子是由几十个到几十亿个以上的核苷酸组成的。核苷酸又可以分成四种类型。这四种类型的核苷酸的排列次序不同，就决定了各种生物的遗传性。核苷酸好比电报字码，电报字码虽然不多，编排顺序却可以千变万化，每一组不同的字码编排代表一个中文意思。同样的道理，核苷酸虽然只有四种类型，成千上万个核苷酸编排顺序的不同，就成了不同的遗传基因。正因为核苷酸的编排顺序类似电报密码，人们就把它称作“遗传密码”。生物就靠脱氧核糖核酸分子长链上的各种不同的“遗传密码”，保证遗传性状一代一代传递下去。

如果“遗传密码”出了一点错误或遗漏，必然会影响下一代的生长发育而发生变异。

既然遗传基因就在脱氧核糖核酸分子长链上，那么，人们如果识别了这些密码，能不能通过增添或除去一些基因，有目的地改造生物呢？

遗传工程就是根据这种设想产生的。它用类似工程设计的办法，先对生物进行设计，把一种生物体内的脱氧核糖核酸分子分离出来，经过人工“剪切”，重新组合，再安到另一种生物的细胞里，使这种生物具有某些新的结构和功能。

给细菌做手术

把这种设想变成现实，当然不是一件容易的事情。现在许多国家的科学家都在研究这项技术，并且已经摸出了一些门道。举个例子来说，我们想使某种细菌能像蚕一样合成丝蛋白，产生出蚕丝来，就可以把蚕的脱氧核糖核酸的分子分离出来，“剪切”下来制造丝蛋白的“基因”。再从细菌的细胞里提取出一种叫“质粒”的脱氧核糖核酸分子，把它和“剪切”下来的基因接在一起，再送回到细菌的细胞里去。

这个办法说起来简单，可是要做到这一点起码要有两种酶。因为脱氧核糖核酸的分子非常小，要用电子显微镜才看得见，要把它制造丝蛋白的“基因”“剪切”下来，当然不能用普通的剪刀，而要用一种“限制性核酸内切酶”。这是一种蛋白质，它有个特殊的本领，能识别脱氧核糖核酸分子上特定的位点，把它分成长短不一的片断。有时候恰到好处，剪下来的是整个基因，有时候也会把基因剪坏。那也不要紧，因为到目前为止，已经发现了上百种限制性核酸内切酶，等于有了上百种各种各样的剪刀，总能挑选到一种合适的不会把基因剪坏的“剪刀”。细菌细胞内的一种叫作“质粒”的脱氧核糖核酸分子，也要用同样的“剪刀”来剪，这样才能使两个“切口”正好互相吻合。为了使它们连接得更加牢靠，还要用另一种酶，叫作连接酶，把接缝抹掉。

知识小链接

连接酶

连接酶又称合成酶，能催化两个分子连接成一个分子或把一个分子的首尾相连接的酶。此反应与 ATP 的分解反应相偶联。在把两分子相连接的同时发生三磷酸腺苷（ATP）的高能磷酸键的断裂如 DNA 连接酶等。

经过了这样一套手术，细菌将会像蚕那样合成丝蛋白，有了生产丝的本领。

到现在为止，这个办法还处在试验阶段，没有实际应用。但是我们相信，沿着这条道路走下去，将来总有一天，可以把动植物的遗传基因移植到细菌里去，或是把细菌的遗传基因搬到动植物细胞中来。这样，人们就有可能创造出许多新品种的生物。到了那个时候，遗传工程这套新技术，就会广泛地应用到农业、工业、医学和国防上去，使这些领域发生惊人的变化。

人工创造生物新品种

人家知道，培育优良品种是提高粮食产量和质量的重要途径。目前最有效的育种方法是有性杂交。但是，这种方法只能在同种生物之间或者亲缘关系很近的生物之间才能进行，亲缘关系远的生物，如禾本科作物小麦和豆科作物大豆就不能杂交，因为它们的生殖细胞不能结合。

遗传工程不受这个限制。目前科学家们把豆科作物的根瘤菌里能固氮的基因取出来，移植到生活在小麦、水稻、玉米这些庄稼根旁边的细菌里去，使这些细菌也有固氮的本领。这种本领能一代一代传下去，不断地供给植物氮肥。

科学家们还准备采取另外一种办法，干脆不用细菌帮忙，直接把根瘤菌的固氮基因移植到小麦、水稻、玉米这些庄稼的细胞里去，使它们自己就能固氮。如果这个办法成功了，就等于给每棵庄稼办了一个“小化肥厂”。

让细菌给我们制药

遗传工程在工业生产上，也将产生很大的影响。我们也来举一个例子：

治疗糖尿病的特效药胰岛素，目前是从猪、牛等牲畜的胰腺中提取出来的。1 吨胰腺只能生产半两（1 两 = 50 克）多一点的胰岛素，远远跟不上糖尿病病人的需要。如果我们把胰腺细胞里产生胰岛素的基因移植到大肠杆菌里去，就能使大肠杆菌产生胰岛素。大肠杆菌的繁殖比高等生物快得多，在合适的条件下，繁殖一代只要 25 分钟，最多也超不过两小时，胰岛素的产量就可以大大增加，成本也可以大大降低。

克隆技术

克隆是什么？《西游记》中这样的描写：好猴王，即拔一把毫毛，入口嚼烂，喷将出去，念动咒语，叫声："变！"变作千万个小猴……孙悟空猴毛变出的猴就是"克隆"。克隆技术对人类、对自然界意义重大：可以克隆病人所需要的细胞、器官，医疗遗传缺陷；可以拯救濒危动物……

什么是克隆技术

克隆是英文“clone”一词的音译，一般意译为复制或转殖，是利用生物技术由无性生殖产生与原个体有完全相同基因组的后代的过程。科学家把人工遗传操作动物繁殖的过程叫克隆，这门生物技术叫克隆技术，其本身的含义是无性繁殖，即由同一个祖先细胞分裂繁殖而形成的纯细胞系，该细胞系中每个细胞的基因彼此相同。

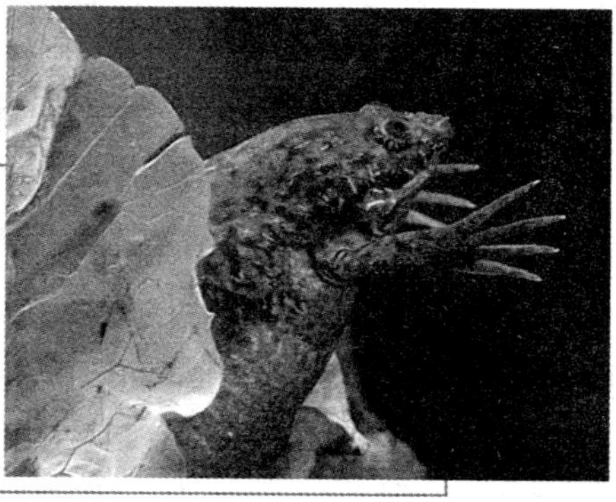

爪　蟾

克隆通常是一种人工诱导的无性生殖方式或者自然的无性生殖方式（如植物）。一个克隆就是一个多细胞生物在遗传上与另外一种生物完全一样。克隆可以是自然克隆，例如由无性生殖或是由于偶然的原因产生两个遗传上完全一样的个体（就像同卵双生一样）。但是我们通常所说的克隆是指通过有意识的设计来产生的完全一样的复制。

趣味点击　克　隆

克隆是指生物体通过体细胞进行的无性繁殖，以及由无性繁殖形成的基因型完全相同的后代个体组成的种群。通常是利用生物技术由无性生殖产生与原个体有完全相同基因组织后代的过程。

克隆技术在现代生物学中被称为“生物放大技术”，它已经历了3个发展时期：①微生物克隆，即用一个细菌很快复制出成千上万个和它一模一样的细菌，而变成一个细菌群；②生物技术克隆，比如用遗传基因——DNA克隆；③动物克隆，即由一个细胞克隆成一个动物。克隆绵羊多莉由一头母羊的体细胞克隆而来，使用的便是动物克隆技术。

在生物学上，克隆通常用在两个方面：克隆一个基因或是克隆一个物种。克隆一个基因是指从一个个体中获取一段基因，然后将其插入另外一个个体中。在动物界也有无性繁殖，不过多见于非脊椎动物，如原生动物的分裂繁殖、尾索类动物的出芽生殖等。但对于高级动物，在自然条件下，一般只能进行有性繁殖，所以，要使其进行无性繁殖，科学家必须经过一系列复杂的操作程序。在20世纪50年代，科学家成功地无性繁殖出一种两栖动物——非洲爪蟾，揭开了细胞生物学的新篇章。

克隆技术的发展史

科学的发展既依赖于对科学问题的探索，也得益于人们美好的向往。

人们向往像鸟一样在天空自由地飞翔。在古今中外的神话故事中，都有能腾云驾雾、骑着扫帚或驾着马车遨游于蓝天的神话人物，这足以表达了人们这种倾慕飞翔的心态。为了这一目标，古人在身上粘满羽毛，学着鸟的样子扑扇着“翅膀”作势欲飞。虽然这样的尝试都以失败而告终，但这种想飞的愿望却恰恰是飞行器发明的动力。谁能说发明飞机的莱特兄弟如果早生几百年的话不是那些在身上粘满羽毛想飞起来的人中的两个呢？

另有一些情况却是在技术成功确定之后，人们才想起：噢，我们可以用它来做这个。克隆技术无疑就是这样一种情况。虽然在神话故事中有孙悟空抓把毫毛，叫声“变”就变出了无数的小猴子，但实际上人们几乎没有再造一个自己的愿望。我们可以孝敬父母，疼爱子女。关心我们的兄弟姐妹，但我们如何来对待和我们一模一样的人呢？我们可能会随时地放纵自己，但决不会容许有一个和自己一模一样的人来取代自己。我们现在可以奴役机器，但却无法逼迫一个一模一样的自己挥汗如雨地劳作。

人们既然没有克隆自己的欲望，那么克隆其他生物的技术又是如何产生的呢？

克隆技术的产生是为了回答这样一个科学问题：已分化的细胞的细胞核内的遗传物质是不是发生了变化，这些变化是不是可逆？

前面已经讲过，经过许多代人的努力，人们已经知道决定生物遗传特性的信息存在于细胞核中染色体的 DNA 上，而且在细胞分裂的过程中，DNA 的数量没有发生变化。为了检验 DNA 的性质，也就是我们所说的“遗传信息书”的内容是否改变，德国科学家汉斯·施佩曼曾做了一个用婴儿头发丝将蝾螈受精卵系住的实验。他通过那个实验证实：在蝾螈胚胎发育到 16 个细胞时，每个细胞核中的“遗传信息书”都与受精卵中的那本完全相同。

但是在蝾螈的受精卵发育到 16 个细胞时，这些细胞还没有发生类似于手和脑那种特异性的分化。所以，施佩曼的实验无法证明在完全分化的细胞中是否还有和受精卵中完全相同的遗传信息。

要解决这一问题，常规的实验方法已经不适用了。需要一种全新的实验技术，这就是我们现在所说的动物克隆技术——细胞核移植技术。

知识小链接

核移植

核移植是将供体细胞核移入去核的卵母细胞中，使后者不经精子穿透等有性过程即可被激活、分裂并发育，让核供体的基因得到完全复制。培养一段时间后，再把发育中的卵母细胞移植到人或动物体内的方法。核移植的细胞来源主要分为：供体细胞来源和受体细胞来源两种。核移植主要用于细胞移植和异种器官移植，细胞移植可以治疗由于细胞功能缺陷所引起的各种疾病。

把已经分化的细胞核移植到没有遗传物质的卵细胞中，通过它是否能长成一个新的个体来判断遗传物质的完整性，这就是细胞核移植的设想。这个设想是施佩曼本人在 1938 年提出来的。在那时，实验技术还没有达到能自由地将细胞核换来换去的程度。因此，这一设想直到施佩曼去世也未能付诸实施。他的这一天才的设想，后来成为现代克隆技术的蓝本。

在细胞核移植工作能够完成之前，有 3 个技术难题必须解决：①在不损伤卵母细胞的前提下，从卵母细胞中把细胞核去除，即去掉卵母细胞自身带有的遗传物质。②怎样才能分离得到完整的用于核移植的细胞核，也就是如何能把要克隆细胞的“遗传信息书”完整地取出来。③怎样才能把提供遗传信息的细胞核移植到已经没有了核的仅含有胞质的“空的”卵母细胞中，给“遗传信息书”找一个家。

这些技术步骤面临的困难相当大。我们知道，细胞核位于细胞的内部，而细胞外面包有一层薄薄的细胞膜，要想不把细胞膜弄破而把细胞核去掉，与不打破蛋壳就把蛋黄取出没有什么区别。而且动物的卵细胞很小，大的也只有几个毫米，在这样小的卵上将细胞核换来换去，而又不损伤细胞其难度可想而知。正因为这些难以克服的困难，在核移植的设想提出后的许多年里，包括汉斯·施佩曼在内的许多科学家均对这一实验一筹莫展。

事情到了 20 世纪 50 年代终于出现了转机，罗伯特·布里格斯和托马斯·金利用微吸管注射的方法首次发展起这项技术。利用这项技术，布里格斯和金两个人成功地将两栖类动物美洲豹蛙的囊胚（早期胚胎发育中的一个时期，因为在胚胎中出现一个囊状空腔而得名）的细胞核移植到去掉了细胞核的卵母细胞内。这样人工造成的胚胎可以一直发育到蝌蚪期，得到的小蝌蚪可以在水中游动，表明其功能是正常的。这是核移植技术在动物中首次取得成功。

罗伯特·布里格斯和托马斯·金是使克隆技术首次变为现实的伟大科学家。从汉斯·施佩曼提出这一设想到由布里格斯和金利完成这个著名的实验，其间经过了 10 多年的时间，饱含了许多科学家的共同努力。

在 1968 年，用两栖类动物爪蟾进行的另一项实验取得了较好的结果。英国剑桥大学的戈登教授把非洲爪蟾的未受精卵用紫外线照射，以破坏它的细胞核。再从蝌蚪中取出分化了的小肠上皮细胞，分离出它的细胞核。注入去核的未受精卵，然后进行培养。结果是：有些卵未分裂；有些卵发育一段时间变成了畸胎；但有一部分卵却完成了胚胎发育，长成了完整的爪蟾个体。

戈登的实验证明：两栖类动物即使是已完全分化的细胞也具有与未分化

细胞中相同的遗传信息。分化的小肠上皮细胞从卵细胞得到的“遗传信息书”没有改变。

戈登的实验还表明：卵细胞的胞质环境对体细胞的功能起了关键性调节作用，具有使发育的生物钟拨回到起始处的能力。在卵细胞中，已分化细胞的“遗传信息书”又从第一“页”开始“阅读”了。

戈登的实验虽然获得了成功，但生产这种无性克隆蛙的成功率很低，只有1%左右。这表明，即使是在两栖类动物中，克隆的效率也是很低的。不仅如此，克隆两栖类动物的技术对哺乳动物并不完全适用。

我们可能看到过蛙卵，了解蛙卵怎样变成小蝌蚪，小蝌蚪又怎样变成青蛙。人们即使没有看到过蛙卵，但至少看到过鱼卵，就是我们所说的鱼子。它们大的有如晶莹的小珠，小的也如小米粒大，并且都是肉眼可见的。而哺乳动物的卵子却只有几十到几百个微米大，比头发丝的直径还要小许多倍。卵中的核，那就更小了。观察它们必须借助于显微镜才能看得清。

哺乳动物与两栖类的另一区别在于，哺乳动物是体内受精、体内发育的动物，胎儿必须在母体的子宫中发育直到出生。即使在目前的技术水平下，人们也无法完全在体外孕育一个胎儿。我们常说的试管婴儿，非生长在试管里，而是在体外授精后最多在体外的培养液中发生几次细胞分裂，生活几天，就又移植到了母体的子宫中，并在子宫中长大直至出生。哺乳动物的这种繁殖方式，使得实验无法像在两栖类那样方便地在体外操作。

哺乳动物既然是体内发育的动物，这就限制了每胎的后代数目。如猪等多胎动物，一般每窝也只不过有十几只而已；而牛、羊等动物包括人，每胎一般只有1～2个后代。要知道

拓展阅读

试管婴儿

试管婴儿是体外授精—胚胎移植技术的俗称，是指采用人工方法让卵细胞和精子在体外授精，并进行早期胚胎发育，然后移植到母体子宫内发育而诞生的婴儿。

在两栖类和鱼类，一次排出的卵就有几十万个、数百万个。鳕鱼一次排出的卵有 1000 万个。这样比较起来，哺乳动物的试验材料少而操作难度高，因此哺乳动物克隆的研究开展得比较晚。

又是近 20 年的时间过去了，科学家们在细胞核移植技术方面不断地加以改进和完善，使它适用于哺乳动物的卵子。

到 20 世纪 80 年代中期，哺乳动物的细胞核移植因为其他技术领域的成果而开展起来。这些技术包括胚胎移植、胚胎体外培养、细胞融合技术等。

克隆猴

在 1986 年，人类首次成功地利用早期胚胎细胞的核无性繁殖出了绵羊。提供细胞核的不是成体动物的体细胞，而是未分化的早期胚胎细胞。用此技术、克隆出的动物不是任何一个已经存在的成体动物的复制品，而只是对胚胎的克隆。从克隆结果上看，类似于生产动物的同卵双胞胎或多胞胎。

随后，用相似的方法，科学家们相继地克隆了小鼠、牛、兔、山羊、猪和猴。在多种物种中表明了动物早期胚胎细胞生产克隆动物的巨大潜力。

1997 年 2 月 27 日，英国科学家宣布世界上第一只由完全分化的成体动物细胞克隆出的哺乳动物——小绵羊多莉诞生了。这标志着克隆技术又登上了一个新的高度。

“多莉”的诞生历程

1997 年 2 月 27 日，英国卢斯林研究所的科学家们突然宣布，他们在世界上首先使用体细胞成功地克隆出了一头绵羊。消息传出，舆论顿时哗然，有人欢呼，说这是划时代的突破；也有人惊呼，认为“克隆将成为毁灭人类的武器”。一时间，“克隆”成了新闻界、科技界，甚至平民百姓茶余饭后的热门话题。

现在，我们以克隆羊多莉为例，向读者简单介绍动物细胞体细胞核移植的过程和操作手法，使读者了解科学家是怎样克隆出绵羊多莉的。

克隆羊“多莉”

动物细胞核移植是需要有两个不同的细胞：一个未受精的卵细胞和一个供体细胞。细胞核移植就是用机械的办法，把供体细胞的细胞核移入另一个受体的去除了细胞核的细胞质中。在多莉的克隆过程中，供体细胞由取自白绵羊的体细胞经几个月的培养而成。用这种方法可获得几千个遗传上一致的细胞。卵细胞取自苏格兰黑母绵羊。

然后科学家先除去卵细胞中的染色体，再通过细胞融合，将供体细胞的核引入。再将由此而形成的新的胚胎移植到另一绵羊体内，看它能否发育成小绵羊。如果小绵羊能够产出，它们都是遗传上等同的母羊，都是白色的小绵羊。

趣味点击　超数排卵

排卵率可以通过药物的方法进行控制。应用外源性促性腺激素诱发卵巢多个卵泡发育，并排出多个具有受精能力的卵子的方法，称为超数排卵，简称“超排”。就是在动物发情周期的适当时期，利用外源性促性腺激素对雌性动物卵巢进行处理，诱发其卵巢上大量卵泡同时发育并排卵。

第一步，克隆羊或是其他克隆哺乳动物的“制造”，首先要取得成熟的卵细胞。科学家们为了一次实验获得更多的卵，便利用一种称之为“超数排卵”技术。他们给成年母羊注射促性腺激素及人绒毛膜促性腺激素。这样在成年母羊的卵巢中一次便会有更多的卵成熟与排放。当排卵时，科学家们即可借手术取出这种成熟的卵细胞备用。

例如，牛在自然状态下每次只排 1 个卵，应用“超数排卵”的技术可以使母牛多产卵。这就是在母牛发情周期的第 9 ~ 14 天时，注射作为排卵剂的促性腺激素。接着 2 ~ 3 天后再注射黄体素，再过 2 天后母牛就会发情，并能超数排卵。原来只能排出 1 个成熟卵细胞的卵巢，一次就能排出 10 来个，甚至多达 40 个以上的成熟卵细胞。

要取出卵细胞是很困难的，这是因为卵细胞很小。主要由细胞核及细胞质两大部分组成，一般只在 80 ~ 100 微米。因此，科学家必须靠一种称为显微注射仪的帮助，在放大几十倍的条件下，用特制的极细玻璃管刺入卵内，将卵细胞核吸出。这样该卵便成为一个无核的细胞了，成为一个“空壳”，也就是说该卵已无核遗传物质了

第二步，要进行的是“核移植”，这是最关键的一步。以往用于核移植的细胞核多为动物胚胎的细胞核。按照发育生物学的观点与实践，认为这种胚胎细胞本身是“全能性”的，意思是只要有一个这样的细胞，它便可以发育成一个完整的胚胎。譬如说，一个早期胚胎由 8 个细胞组成，此时若将细胞一个个地分开，它们便可发育成为 8 个胚胎。这表明胚胎细胞的每个细胞核本来就具有分裂与增殖的能力。为此，科学家们对用早期胚胎细胞核进行移植而产生新个体不以为奇。

多莉的新奇之处在于：第一，不用胚胎细胞的细胞核，而使用体细胞的细胞核，进行核移植，它也照样可以分裂并发育成个体。“多莉”的出现否认了体细胞发育不具有全能性的这一传统观念。体细胞发育不具有全能性的观念认为：在自然状态下的体细胞，从胚胎细胞发育、分化而来的，其中有一部分能够分裂，如干细胞，有一部分则不能分裂，并按照一定的程序死亡。但不管是能够分裂的体细胞，还是不能分裂的体细胞，都是不可逆的，即不可能再回复到像胚胎细胞一样，重新分裂、分化，形成种种组织、器官、系统，最后形成一个完整的机体。多莉的产生说明，在一定条件下，业已经历分化过程的体细胞仍然可能“再回头”，重新获得“全能性”。对这一传统观念的突破，也就开辟了利用人体体细胞克隆出一个人类机体的可能性。因为，

人也是一种哺乳动物，在多莉羊与“多莉”人之间在技术上不存在不可逾越的障碍。第二，由于移入卵内的是体细胞，不仅含有双倍的染色体，而且由此产生的后代细胞的染色体均是该体细胞的遗传拷贝，因而由此发育而成的个体的遗传性质与核供体的亲本是一致的。另外，由于多莉的产生未经过精子与卵细胞结合的受精过程，属于无性繁殖，故此称为“克隆羊”，意思是“无性繁殖的羊”。该项技术的突破，有人讲可以和原子弹最初爆炸相提并论，其科学和生产应用价值巨大。

第三步，是将这种“核质融合”的卵置于体外培养，使它发育成为早期胚胎。这个培养过程和我们前两章提到的动物细胞培养的原理和方法是一致的。

第四步，是胚胎移植，将第三步培养发育成的早期胚胎移植至已可接受胚胎植入的另一只母羊体内卵子宫，直至羊羔出生。通常是将此早期胚胎置于37℃于10小时内进行胚胎移植，把它送入养母的子宫内。在这过程中，科学家要找一头合适的母羊，进行人工激素处理，使子宫内膜增厚，以便上述胚胎的“着床”与发育。胚胎也可保存于低温，或运往世界各地，进行胚胎移植：还可以将此胚胎暂时寄存在兔子的输卵管内，使它继续正常发育2～4天，以便运往远方进行移植。如果胚胎暂时不准备移植，可将它置于－196℃下冻结保存，待将来移植时，把它解冻后仍能够正常发育。不过，经冻结的胚胎往往有三分之一受到损伤。

从以上描述不难看出，克隆羊的过程步骤很多，每步不慎都可能导致失败。多莉的产生固然是医学生物学的一项重大突破，但仍有许多问题有待科学家们去探索。例如，卵细胞质在这种核质杂交中起什么作用？它是如何

你知道吗

基因表达

基因表达是指细胞在生命过程中，把储存在DNA顺序中遗传信息经过转录和翻译，转变成具有生物活性的蛋白质分子。生物体内的各种功能蛋白质和酶都是由相应的结构基因编码的。其本质是开放某些基因，关闭某些基因，导致细胞的分化。

调控或刺激细胞核分裂的，即用科学家们的语言说，它是如何重新程序性地开启细胞核基因表达的？是否身体任何一种类型的体细胞，或是一个处于任何细胞周期的细胞核均可在卵细胞质中发育与分裂？既然细胞质对细胞核有一定的影响，那么多莉是否在各个方面只与供核亲本一致，还是有些不同？

克隆人：生命伦理禁区

克隆人一旦出现，即意味着遗传法则的歧化、异化或杂化，至少在生殖生物学领域，著名的“孟德尔定律”面对克隆人将处于尴尬的境地。我们不妨比较一下“正常人”和“克隆人”的产生过程来加以说明：

“正常人”产生过程（符合孟德尔定律）：

精子＋卵子—遗传物质结合—受精卵胚胎—婴儿

“克隆人”产生过程（不符合孟德尔定律）：

体细胞遗传物质—胚胎—婴儿

美国科学家E. 卡尔松认为，采用这种“胚胎选择”的方法，人类能够“改善健康，发展智力，并且提高人类的社会责任感”，从而推动道德的进步。美国当代科学界知名人士E. 戴维斯认为，通过人的无性繁殖方式，“可以使我们的社会增加很多有才能的人，可以大力发展我们的精神文明”。

人们反对克隆人诞生的一大理由就是：通过无性繁殖技术复制出来的人，他们将彻底搞乱世代的概念。也就是说，他们与细胞核的供体既不是父母与子女的亲子关系，也不是兄弟姐妹的同胞关系，他们类似于“一卵多胎同胞”，就是那些看上去极像的双胞胎或多胞胎。不过，与双胞胎或多胞胎不同的是，他们之间又存在着代间的年龄差，亦即从年龄上看是父母与子女，而从本质上看则类似“一卵多胎同胞”，这将在伦理道德上无法定位，法律上的继承关系也将无以定位。

克隆技术有很大的实用价值。许多专家论述了它在畜牧业上的重大意义。有谈到应用于生物医药领域的重大前景的；有指出它在器官移植方面重要作用的；也还有说到在保存物种方面的有利影响的。总之，公认的意见是，能够用动物细胞核发育成一个动物，的确是生命科学“一次飞跃”。现在的问题是，能否将克隆技术移用于“人”？

人的克隆问题的争论更激烈，涉及社会伦理问题也更突出。对于在动植物上进行无性生殖，人们可以用经济价值高的单亲体繁殖与它们一模一样的子代，同样会获得较高的经济价值的遗传性，这些方面人们都加以肯定并已经在实践上应用。但是在人类中进行无性生殖的目的究竟是什么呢？有些人乐观地渴望着通过克隆可以制造出一大批伟大的思想家、政治家、科学家、体育明星、名演员等方面的杰出人才；有人则悲观地担忧人的无性生殖将会制造出希特勒、墨索里尼等一批残暴的恶魔复制品，或复制出一大批充当炮灰的军队。有些科学家对此也感兴趣。他们认为，人的无性生殖可以造就一批具有“特殊效能”的人，他们可以没有痛觉，超声波对他们不起作用，夜视、身材矮小等，这些特性都有利于将来的战争和上天开发。

著名的科普作家阿西莫夫对人的无性生殖问题作了公允的评论。他认为人们既不能把无性生殖看作是人类通向长生不老的大门，也不用害怕靠无性生殖会造出一批社会蠢货。如果人的无性生殖成功的话，那么，“你的无性系只是与你一模一样的孪生兄弟姐妹而已，你的无性系并不赋予你的意识，如果你死了，你就死了，你并不在你的无性系里继续活下去”。如果说，担忧无性系会造出一支庞大的军队以达到其征服世界野心的目的，实际上，现在世界上可以毫不费力地征募到一批军队，何必花费巨资去制造呢？再说，天才人物的复制，即使复制成功，“复制品”与它的单亲体也不会完全是一个模式的，因为它们从核移植以及移植到一个异体子宫内和它们以后成长的新环境，包括受到的环境、社会压力、机会、社会伦理价值等等方面绝对不会与原来单亲体所处的环境是一样的。一个人的遗传特性的表现是遗传与环境相互作用的结果，具有相同遗传性的人，在不同的环境下，其表现型也是各不相同的。从对克隆人的认识以及所引起的反响和争论中，隐藏着许多社会伦理问题。

首先无性繁殖复制的人体，将彻底搞乱世代的概念。克隆人技术打破了传统的生育观念和生育模式，使生育与男女结婚紧密联系的传统模式发生改变，降低了自然生殖过程在夫妇关系中的重要性，使人伦关系发生模糊、混乱乃至颠倒，进而冲击传统的家庭观以及权利与义务观。尽管由于意识形态、宗教信仰、社会制度等的不同，伦理观念也因国家、民族等的不同而不同。其最主要表现为对家庭这一社会主要细胞的破坏，从有性繁殖到无性繁殖，一旦扩及人类及每个人，影响极为深远，而且夫妻、父子等基本的社会人伦关系也会相应消失。从哲学上讲，这是对人性的否定。

假设“克隆人”解决了“生物学父母亲”的界定问题，试问“克隆人”有无在“生物学父母”、“代理母亲”和“社会父母”中选择父母和更换父母的自由？抚养“克隆人”的义务和权利归属于谁？“克隆人”对谁的遗产具有继承权？从医学伦理角度审视，可以发现这些父母都是不完全的父亲和母亲，可说是父将不父，母将不母，子将不子，地道的四不像。在这种组合的家庭中，伦理的模糊、混乱和颠倒很容易导致心理上和感情上的扭曲，播下家庭悲剧的种子。还有一种可怕的情况是，如果采用匿名或无名体细胞核，“克隆人”一出生就将成为“生物孤儿”，这对孩子是公平、道德的吗？无名或匿名体细胞核的大量应用加上卵子库的开放，弄得不好有可能孕育出一批批同父同母群、同父异母群和同母异父群，甚而近亲配偶群，并随着时间的推移形成恶性循环，增加人类基因库的负荷，影响人类生命质量。更有甚者，以某男子或女子的体细胞核为“种子”，可由其妻子、女儿、母亲或孙女孕育出“克隆人”，祖孙三代由同一来源的“种子”生出遗传性质完全相同的人，该是多么荒唐的人伦关系，令人不可思议。

趣味点击　　基因库

在一定的地域中，一个物种的全体成员构成一个种群。一个主要特征是种群内的雌雄个体能通过有性生殖而实现基因的交流。一个种群全部个体所带有的全部基因的总和就是一个基因库。

其次，克隆人破坏了人的尊严。“复制”人在科学上或许很有价值，但它会带来许多社会伦理问题，人们已经对“复制”人提出如下批评，说它使人丧失尊严。人在实验室里的器皿中像物品一样被制造出来，这样无性繁殖的人不是真正的人，而只是有人形的自动机器。每个生命都是独一无二的，都有独特的个人品性，“复制人”恰恰剥夺了这一点。

再次，人类生育模式由于克隆人技术的成熟，正在或将要经受新的考验。传统的生育模式无疑仍将占主要地位，但在某些特殊情况下，如对于患有遗传性疾病、先天性疾病和癌瘤易感家族以及在含有高剂量致突变物、致癌物和致畸物环境中工作和生活的人群，采用人工授精、胚胎移植或体外孕育等生育模式作为补充模式正受到人们的关注，尽管这些补充模式存在许多伦理道德问题，但从根本上说，由于没有脱离精卵结合进行生育的规则，在特殊情况下被应用还是可以得到理解的。“克隆人”一旦出现，将彻底打破人类生育的概念和传统生育模式，克隆人系无性繁殖，不仅打破了传统繁衍后代的规律，而且在深层次科学意义上彻底打破后代只能继承前辈的遗传性质却有别于前辈的框框，复制出两个乃至众多遗传性质完全相同的人。传统生育模式中离不开男性和女性，他（她）们各司其职，提供精子和卵子。现代生殖工程也遵循这种生育模式。“克隆人”的生育模式则完全不同，它不一定非要男性不可，也不需要精子，只要有体细胞核和卵子胞浆（即去核卵子）即可。对于单身女子，可以取出自体乳腺细胞的核，移植到自己的去核卵中形成重构卵，重构卵再移植到自己的输卵管中，即可发生正常的怀孕，在子宫里发育成胎儿并分娩。这种“自己生自己”的生育模式在许多方面给伦理学提出了许多解决不了的难题。

广角镜

胚胎移植

胚胎移植又称受精卵移植，俗称人工授胎或借腹怀胎，是指将雌性动物的早期胚胎，或者通过体外授精及其他方式得到的胚胎，移植到同种的、生理状态相同的其他雌性动物体内，使之继续发育为新个体的技术。

另外，克隆人还可能造成人类的性别比例失调。人类在自然生育中性别比例基本保持 1∶1，这是携带 X 染色体的精子和携带 Y 染色体的精子与只携带 X 染色体的卵子有同等机会相结合之故。含 XX 染色体的受精卵发育成女孩，含 XY 染色体的受精卵则发育成男孩。克隆人技术使来源于男子体细胞核的胚胎发育成男孩，来源于女子体细胞的胚胎发育成女孩，无须进行性别鉴定便可知是男是女。因此，如果在一个有性别偏向观念的区域和国家，由于克隆人技术的应用，很容易使人口性别比例发生失调和偏差。性别比例失调将导致一系列严重社会和道德伦理问题。

“克隆”技术仅是“复制”，而“两性”繁殖将出现基因的新的组合。克隆人会导致人类基因库的单一性，多样性的丧失对人类的前途不利。从技术的角度而言，无性繁殖自有其限度。利用体细胞生产各种克隆体虽数量无限，但质量无法保证。从遗传的角度而论，通过父母的结合使父母双方的遗传基因相混合，有可能使子女在质量上超过父母，单靠体细胞做无性繁殖，子女的质量根本无法超过母体。在自然界，生命繁殖开始时都是无性的，后来才发展成为有性的。有性繁殖增加了变异的可能性。无性繁殖导致群体的每个个体都一样，从而增大了这个物种被消灭的风险。而有性繁殖则使生物的可能的变异在群体中大大增加。从而增强了物种的竞争力、适应力。这是生物进化中非常重要的一步。生物需要多样性，人类同样需要多样性。如果人类都“优生”成为理想之人，很可能一种怪病毒就可使全人类遭到灭顶之灾。据说英国患疯牛病的牛就是经长期“优生”出来的好牛，但对疯牛病毫无抵抗力，倒是一种土牛不怕疯牛病，救了英国的畜牧业。而克隆技术将终止人类这种多样性进化的可能，也就终止了人类社会的发展，最终导致人类自身的毁灭。

克隆人的问题再一次说明，在技术上有可能做的不一定就是在伦理学上应该做的。虽然

拓展阅读

伦理学

哲学的一个分支学科，即关于道德的科学。亦称道德学、道德哲学或道德科学。

克隆人在技术上有可能做，但在伦理学上不应该做。没有充分的理由来为克隆人的行为在伦理学上进行辩护。因而，发展克隆技术，不要克隆人的方针是正确的。

克隆技术的应用

◎未来的制药厂

生物工程技术向世人展示了这样一幅美妙的前景——动物将成为人类的制药厂。

人们现在已经能自如地把基因切开、粘上，在体内体外大量扩增它的数量，移植到另一个个体或另一个物种，这些基因的插入就像在动物的“遗传信息书”中插入了新的一“章”，如果插入的“章节”确实牢固地“装订”到“书”中，并且加入的位置正确无误的话，动物体的相关部位在“读”到这一“章节”时，就会按要求生产出相应的产品，这就是动物工厂的生产目标。在动物体中，乳腺是能持续分泌乳汁的器官。如果移植入的能促进某种药物蛋白质生成的基因可以在乳腺组织中表达，那么乳汁中就能含有这种蛋白质药物。每天正常泌乳的动物也就成了一个“药物工厂”。

基本小知识

乳　腺

乳腺位于皮下浅筋膜的浅层与深层之间。浅筋膜伸向乳腺组织内形成条索状的小叶间隔，一端连于胸肌筋膜，另一端连于皮肤，将乳腺腺体固定在胸部的皮下组织之中。

利用基因重组的动物或者转基因动物来生产药物的方法是设法将促使产生蛋白质的基因加入到早期发育阶段的细胞内。不过这种方法只能使少数细胞获得这种基因，从而产生有效的蛋白质，生物技术分析家们认为，以目前所拥有的方法来获得一种转基因动物，必须试验、试验、再试验，科学家们就像在玩一次概率游戏；但是，如果一旦成功了，那么你就只需要成批制造就行了。

通过转基因技术提取的蛋白质比从血液中提取的产品更安全，因为这可避免如艾滋病和肝炎病毒传染的可能性。同时，这种药物的成本也比由发酵技术生产的生物工程药物更加低廉，一只羊的产量抵得上一家大型生物制药厂生产 1 个月。这种优秀的动物，用无性繁殖的方法大量繁殖，效益将是十分惊人的。因为一只大型哺乳动物在它的乳汁中可产生大量的蛋白质。生物工程工业分析家们认为，这些药物蛋白质的市场年销额，预计可达数百亿美元。

广角镜

转基因动物

将外源重组基因转染并整合到动物受体细胞基因组中，从而形成在体表达外源基因的动物，称为转基因动物。转基因动物表达系统，包括外源基因、表达载体和受体细胞等，基因组的转移则是细胞核移植和动物克隆技术，人工合成与设计基因、全基因乃至基因组的转基因技术是合成生物学。

◎单克隆抗体的制备

1975 年英国首先研制成功淋巴细胞杂交瘤技术。这就是英国科学家科勒和米尔斯坦利用了淋巴细胞与骨髓瘤细胞进行融合，从中筛选出杂交瘤细胞株，得到了在离体条件下能无限繁殖的“杂交瘤”细胞系，它们能产生针对特定抗原的单一抗体，称为单克隆抗体。

人体淋巴细胞是人的免疫系统的基本组织成分。一支淋巴细胞进入胸腺后形成 T 细胞，而不经过胸腺的另一支淋巴细胞称为 B 细胞，T 细胞在胸腺激素作用下，产生“吞噬 T 细胞”、“副卫 T 细胞”和“遏抑 T 细胞”。其中，“吞噬 T 细胞”直接杀死癌变细胞。后两种细胞则与细胞配合，抗拒病毒对人体的侵犯。

B 细胞能够分化出许多浆细胞，每个浆细胞如同一座兵工厂，生产无数杀伤癌细胞或特异细胞的武器。这种武器称为抗体。它是一种特殊的蛋白质。这些抗体都是来自 B 细胞的抗体总和，即由一个 B 细胞衍生的所有浆细胞属“纯系”，或称为“克隆”。在人体内，每一个 B 细胞只接受一个抗原（如病毒）的刺激。然后，它产生针对该抗原的抗体。这些抗体都来自纯系或克隆。

拓展阅读

单克隆抗体

动物脾脏有上百万种不同的 B 淋巴细胞系，具有不同基因不同的 B 淋巴细胞合成不同的抗体。当机体受抗原刺激时，抗原分子上的许多决定簇分别激活各个具有不同基因的 B 细胞。被激活的 B 细胞分裂增殖形成效应 B 细胞（浆细胞）和记忆 B 细胞，大量的浆细胞克隆合成和分泌大量的抗体分子分布到血液、体液中。如果能选出一个制造一种专一抗体的浆细胞进行培养，就可得到由单细胞经分裂增殖而形成细胞群，即单克隆。单克隆细胞将合成针对一种抗原决定簇的抗体，称为单克隆抗体。

英国科学家把被免疫的小鼠 B 细胞，即能够分泌某种特殊抗体的 B 细胞，与小鼠骨髓瘤细胞融合，产生杂种细胞。它既能像 B 细胞那样产生并分泌免疫特异抗体，又能像骨髓瘤细胞那样无限繁殖。这种纯系产生的抗体，叫作单克隆抗体。

单克隆抗体问世后，很快应用于临床实践，被称为 20 世纪 80 年代的“生物导弹”。1985 年，单克隆抗体已在医学各领域广泛使用，由于单克隆抗体具有特异性强，灵敏度高，精确性强等优点，因此它被用于许多疑难病症（特别是肿瘤）的诊断治疗，动、植物病毒的检测，以及蛋白质分子结构等方面的研究，成为细胞工程和克隆技术在医学上最重要的成就之一。单克隆抗体在疾病诊断与治疗中的应用前景已被全世界公认。

由于单克隆抗体有高度的特异性，因而已成为目前分析和鉴定各种复杂抗原及阐明免疫反应机理的有力工具。单克隆在诊断疾病方面，在其准确性与诊断速度方面，都大大优于一般抗血清。它是体内检测的最好手段。单克隆抗体与荧光染料结合，可检测体内的肿瘤及病变组织，确定其位置与大小。

在短短几年间，已利用单克隆抗体解决了许多过去未能解决的基础医学及临床医学的重大课题，对传染病、免疫病和癌等疾病的诊断、预防和治疗正在发挥越来越大的作用。诊断疾病是单克隆抗体在医学上最直接的用途。使用单克隆抗体不仅诊断的精确度高，而且可以降低诊断的费用。例如，利用单克隆抗体能够测定激素的量，以此评价内分泌的机能或判断是否因患肿瘤产生了不适当的激素；鉴定某些病原性微生物；检查人血液中过量或有副作用的药物，确定药物的合理用量。

单克隆抗体已经被用于对肿瘤的诊断。现在已知，肿瘤细胞膜上具有与正常细胞不同的特异性的表面抗原，称为肿瘤相关抗原。利用单克隆抗体来识别与鉴定肿瘤相关抗原，这就可以早期对肿瘤做出准确诊断。另一个诊断办法是，根据不同的目的、要求，选用放射性同位素标记单克隆抗体，结合外部闪烁描记法，可对肿瘤及其转移病灶进行定位诊断，并可确定肿瘤的大小。如果用放射标记的抗癌胚抗原的单克隆抗体做放射免疫闪烁检查，能够检测结肠癌、直肠癌、卵巢癌、宫颈癌、肺癌。应用单克隆抗体诊断癌症大大提高了诊断的准确率，并有助于解决临床诊断中的疑难问题，检测出一些常规诊断方法（如常规抗血清）所不能发现的肿瘤，以及监测癌症的转移与复发。

知识小链接

同位素

具有相同质子数，不同中子数（或不同质量数）同一元素的不同核素互为同位素。

目前单克隆抗体已经用于诊断白血病、淋巴瘤、乳腺癌、肠癌、前列腺癌及肺癌等多种癌症，肝炎、感冒、流感、艾滋病等多种病毒性传染病，血友病、胶原性疾病、贫血等遗传病，以及多种免疫病与心血管疾病。

利用单克隆抗体还可以用来了解许多疾病的病理和机制。例如，血吸虫病是一种顽症，血吸虫的细胞膜含有的分子量约为18000～200000的蛋白质，它们决定着该寄生虫的抗原特性。剑桥大学的科学家制备了抗多肽抗原的单克隆抗体，其分子量分别为24000和7000。结果发现，当该寄生虫变为成虫时，它便失去与宿主所产生的抗体相结合的能力，也即是说它能逃脱宿主的防御反应。看来血吸虫好像能合成与宿主相似的分子，科学家们感到迷惑，因为在取自小鼠的血吸虫外膜中发现这种组织相容性复合物的成分。于是，科学家使用单克隆抗体，发现在血吸虫表面上存在有H－2抗原。对其基因组的分析表明，在该寄生虫内不存在编码人体的或是小鼠的组织相容性抗原的基因，血吸虫必定是从宿主获得这种基因的。在这方面，血吸虫的膜脂蛋白的作用可能是很重要的，科学家用单克隆抗体所进行的详尽研究是制备疫苗或进行有效化学治疗的重要先决条件。

使用单克隆抗体治疗疾病也在医学上得到了广泛应用。由于单克隆抗体能与病变部位特异地结合，所以它可以作为“导弹”将药物直接带到病变部位，既增强药效又可避免这些药物对正常细胞的伤害。例如，用单克隆抗体携带的放射性同位素的量，可比通常放疗用量高1000倍。传统化疗允许的杀死肿瘤细胞与正常细胞的数量之比为22∶1，用单克隆抗体携带后其比为10000∶1。单克隆抗体还可用于治疗心脏病以及每年导致8万人死亡的败血症。这些研究成果的应用，将在医学界引起重大的变化。

应用单克隆抗体还可治疗癌症，可采用两种办法：一是

趣味点击　疫　苗

疫苗是指为了预防、控制传染病的发生、流行，用于人体预防接种的疫苗类预防性生物制品。生物制品，是指用微生物或其毒素、酶，人或动物的血清、细胞等制备的供预防、诊断和治疗用的制剂。预防接种用的生物制品包括疫苗、菌苗和类毒素。其中，由细菌制成的为菌苗；由病毒、立克次体、螺旋体制成的为疫苗，有时也统称为疫苗。

制备抗肿瘤的单克隆抗体；二是以单克隆抗体作为载体，携带药物，有效杀伤癌细胞。

应用单克隆抗体治疗恶性肿瘤，研究最多的是白血病和淋巴瘤。目前，已有成功的案例。如美国的一位年老的淋巴癌患者在使用常规的治疗无效后，美国斯坦福大学医学研究中心的研究人员在 4 周内对患者进行了 8 次单克隆抗体静脉注射，结果效果显著，患者曾被癌细胞侵染过的淋巴结、肝和脾均恢复了正常，头颅上的结节也消失了。时隔两年，患者再没有复发。

1982 年，英国诺丁汉大学的弗兰德和他的同事们成功地分离出专门与结肠和直肠恶性肿瘤起反应的单克隆抗体。临床诊断患有这些肿瘤的患者，可接受注射放射性碘标记的单克隆抗体，用照相机拍摄 X 光片，然后用计算机进行分析，这样可以极其正确地扫描出原发肿瘤及其扩散到身体其他部位的精确范围，用此法首次特异地确定原发肿瘤及转移肿瘤的位置。

单克隆抗体作为载体携带药物，其疗效就大多了。这是利用单克隆抗体与肿瘤细胞表面抗原的高度亲和力，使这些携带了可杀伤肿瘤细胞的药物的抗体浓集于肿瘤细胞上，对肿瘤细胞发挥强大的杀伤作用，而又不影响正常细胞。

英国《独立报》1988 年 4 月 20 日报道，英国帝国癌症研究基金会也使用这种方法，拯救了两名晚期癌症患者。这个基金会的研究人员把放射性碘附着于抗体上，然后注射入患者脑或脊髓周围的体液内。这种抗体寻找、袭击癌细胞并粘住它们，但不影响患者体内的正常细胞。被治疗的两名患者都患一种脑瘤，称为成神经管细胞瘤，用化疗和神经外科手术，均无效果。其中，一名患者是 18 岁男子，已不能正常走路，经常疼痛，现已过正常生活了；另一名患者是一名荷兰妇女，本来预料她将死去，但是，经过这种疗法，只注射 1 次后，她一个月内就回家，可以打网球、骑自行车和滑雪。

单克隆抗体携带的药物有氨甲喋呤、苯丁酸芥、阿霉素、红比霉素和三乙基亚胺苯醌等。用这种方法杀死一个肿瘤细胞，需要相当多的抗癌药物，而与肿瘤细胞结合的单克隆抗体受到肿瘤细胞表面的抗原受体数限制。因此，尽管单克隆抗体与抗癌药物的结合物能够高度选择与肿瘤细胞结合，但是与肿瘤细胞结合的数量不多，仍然不能有效地杀伤肿瘤。针对上述情况，有关的科学家用细菌或植物毒素（如白喉毒素、相思豆毒素、蓖麻毒蛋白等）取代前述抗癌药物，并与单克隆抗体结合。这种结合物称为“免疫毒素”。

基本小知识

脊 髓

人和脊椎动物中枢神经系统的一部分，在椎管里面，上端连接延髓，两旁发出成对的神经，分布到四肢、体壁和内脏。脊髓的内部有一个H形灰色神经组织，主要由神经细胞构成。脊髓是许多简单反射的中枢。

提纯蛋白质、激素、毒素等对人体具有重要作用的复杂混合物也可用单克隆抗体来进行。以干扰素为例，英国沃里克大学的色切尔和布茹克通过免疫吸附技术获得了纯度为1%的干扰素制剂。在用由此提纯的干扰素对小鼠进行免疫后，他们把被免疫小鼠的脾细胞与小鼠骨髓瘤细胞进行融合，然后，他们选择了一个杂种克隆，当把该杂种克隆的细胞注入小鼠后，可诱发小鼠长出能分泌大量抗干扰素抗体的肿瘤。为了制备一个提纯干扰素制剂的免疫吸附柱，将该干扰素抗体附着于碳水化合物小球上，干扰素制剂只通过含有干扰素单克隆抗体的吸附柱，一次提纯纯度可提高5000倍。再例如，细胞膜蛋白很难提纯，它们以微量存在于细胞内，其生物学活性很不容易测定，或在分析实验过程中，当膜溶解时它便消失，就像在组织分化的各个阶段标记所特有的细胞表面抗原的情况一样。若用单克隆抗体方法确定膜蛋白的特征，就能克服上述那些困难。

单克隆抗体也可用于制备各种特异性很强的疫苗，特别是抗某种病毒株和抗寄生物的疫苗。单克隆抗体能够较好保存，杂交瘤可以冷冻贮存，为了满足研究需要，一些研究所和实验室都已建立了杂交瘤库，许多药物公司对单克隆抗体的大规模生产有极大的兴趣。

单克隆抗体也不是灵丹妙药，它本身也存在着许多缺陷。单克隆抗体的疗效可能受到在某些病人血中的肿瘤抗原的影响，患者的肿瘤抗原与单克隆抗体结合，从而妨碍了单克隆抗体对肿瘤细胞的作用。另一方面，在某些抗体与细胞结合后，还可能发生目标抗原从细胞表面消失的情况，从而使单克隆抗体失效。在对白血病患者进行研究中已观察到，当反复给予这种抗体时，这种抗原的调节作用可能降低抗体的效力。单克隆抗体在癌治疗和在一般治疗上应用的另一问题是缺乏来自人体的单克隆抗体。所有的试验都是用小鼠抗体或用各种动物的多克隆抗体进行的。事实上，如果反复地给予外来抗体，恐怕病人将产生严重的过敏反应。人单克隆抗体的制备是这个领域的研究重点，但这方面的困难之一是，缺乏易于培养又不分泌自身抗体的人骨髓瘤细胞株。

单克隆抗体在医药领域得到了广泛的应用。在淋巴瘤技术和单克隆抗体的生产和应用方面，美国、英国、法国和瑞士最活跃。美国有 70 多家公司从事单克隆抗体的生产。英国 1987 年《科学技术新闻》报道，英国帝国癌症研究基金会所属的 50 多家实验室中，几乎有一半能够生产单克隆抗体。这些抗体可识别肿瘤细胞产生的蛋白质。

自 1979 年起，美国已有几个实验室制备了能与肺癌、乳腺癌、结肠癌和胰腺癌以及淋巴瘤和白血病的抗原起反应的单克隆抗体。

知识小链接

淋巴瘤

淋巴瘤是一组起源于淋巴结或其他淋巴组织的恶性肿瘤，可分为霍奇金病和非霍奇金淋巴瘤两大类，组织学可见淋巴细胞和或组织细胞的肿瘤性增生，临床以无痛性淋巴结肿大最为典型，肝脾常肿大，晚期有恶病质、发热及贫血，淋巴瘤的细胞形态极其复杂。

美国国家癌症研究所的科学家筛选了 15000 ~ 20000 个单克隆抗体，目的在于分离出一个对小细胞肺癌有专一性的抗体。美国国家癌症研究所的研究人员制备这些单克隆抗体的过程是：首先，从对癌细胞免疫的小鼠分离出脾淋巴细胞，然后使这些淋巴细胞与小鼠骨髓瘤细胞融合，最后从杂种细胞获得克隆。将这种克隆所产生的抗体，用两个不同的小细胞株和一个非癌的淋巴样细胞株进行筛选。有一些抗体能与癌细胞发生反应，但不能与正常细胞发生反应。然后他们对这些抗体进行更广泛的试验，制备了能与正常肾细胞和肿瘤细胞发生反应的单克隆抗体。

◎干细胞技术与器官移植

美国加利福尼亚大学洛杉矶分校医学院的马克·海德里克博士说：“干细胞就像小孩，长大后可以从事各种职业。”“孩子可能成为消防队员，也可能成为医生或水管工，这取决于生活（或者说环境）对他们的影响。同样，通过改变这些干细胞的环境，它们也可以发育成各种组织。”

一般来讲，干细胞可分为四种类型：

胚胎干细胞：从人类胚胎中得到的干细胞

胎儿干细胞：从流产胎儿的组织中获取的干细胞

脐带干细胞：从脐带中得到的干细胞

成人干细胞：从成人组织中获取的干细胞

胚胎干细胞和胎儿干细胞可形成的细胞种类多于成人干细胞。2001 年 4 月，美国加州大学洛杉矶分校和匹兹堡大学的研究人员从吸脂手术中吸出的脂肪中发现了干细胞。此前只在骨髓、大脑组织和胎儿组织这些引发伦理道德问题的来源中发现了干细胞。脂肪干细胞可以发育成其他类型的特定细胞，包括肌肉、骨骼和软骨，但可发育成多少种其他类型的细胞尚不清楚。分化后的细胞，往往由于高度分化而完全丧

你知道吗

干细胞

干细胞是一类具有自我复制能力的多潜能细胞，在一定条件下，它可以分化成多种功能细胞。根据干细胞所处的发育阶段分为胚胎干细胞，ES 细胞和成体干细胞。根据干细胞的发育潜能分为三类：全能干细胞、多能干细胞和单能干细胞。干细胞是一种未充分分化、尚不成熟的细胞，具有再生各种组织器官和人体的潜在功能，医学界称为“万用细胞”。

失了再分化的能力，这样的细胞最终将衰老和死亡。然而，动物体在发育的过程中，体内却始终保留了一部分未分化的细胞，这就是干细胞。干细胞又叫作起源细胞、万用细胞，是一类具有自我更新和分化潜能的细胞。可以这样说，动物体就是通过干细胞的分裂来实现细胞的更新，从而保证动物体持续生长发育的。

干细胞根据其分化潜能的大小，可以分为两类：全能干细胞和组织干细胞。前者可以分化、发育成完整的动物个体，后者则是一种或多种组织器官的起源细胞。人的胚胎干细胞可以发育成完整的人，所以属于全能干细胞。

早在 19 世纪，发育生物学家就知道，卵细胞受精后很快就开始分裂，先是 1 个受精卵分裂成 2 个细胞，然后继续分裂，直至分裂成有 16 个细胞的细胞团，叫作桑葚胚。这时如果将组成桑葚胚的细胞一一分开，并分别植入到母体的子宫内，则每个细胞都可以发育成一个完整的胚胎。这种细胞就是胚胎干细胞，属于全能干细胞。骨髓、脐带、胎盘和脂肪中则可以获取组织干细胞。每个人的体内都有一些终生与自己相伴的干细胞。但是，人的年龄越大，干细胞就越少。为了弥补干细胞的不足，一些科学家建议从胚胎或胎儿以及其他动物身上获取干细胞。进行培养和研究。

拓展阅读

脐 带

脐带是几乎所有哺乳动物（包括人）的母体内，胎儿与怀孕的母系的胎盘的一种联系结构。

在胎盘内胎儿的血液循环与母系的血液循环交换营养物质和氧气，通过脐带营养物质与氧气来到正在成长的胎儿体内。

干细胞的用途非常广泛，涉及医学的多个领域。目前，科学家已经能够在体外鉴别、分离、纯化、扩增和培养人体胚胎干细胞，并以这样的干细胞为“种子”，培育出一些人的组织器官。干细胞及其衍生组织器官的广泛临床应用，将产生一种全新的医疗技术，也就是再造人体正常的甚至年轻的组织器官，从而使人能够用上自己的或他人的干细胞或由干细胞所衍生出的新的组织器官，来替换自身病变的或衰老的组织器官。假如某位老年人能够使用上自己或他人婴幼儿时期或者青年时期保存起来的干细胞及其衍生组织器官，那么，这位老年人的寿命就可以得到明显的延长。美国《科学》杂志于1999年将干细胞研究列为世界十大科学成就的第一，排在人类基因组测序和克隆技术之前。

新加坡国立大学医院和中央医院通过脐带血干细胞移植手术，根治了一名因家族遗传而患上严重的地中海贫血症的男童，这是世界上第一例移植非亲属的脐带血干细胞而使患者痊愈的手术。医生们认为，脐带血干细胞移植手术并不复杂，就像给患者输血一样。由于脐带血自身固有的特性，使得用脐带血干细胞进行移植比用骨髓进行移植更加有效。现在，利用造血干细胞移植技术已经逐渐成为治疗白血病、各种恶性肿瘤放化疗后引起的造血系统和免疫系统功能障碍等疾病的一种重要手段。科学家预言，用神经干细胞替代已被破坏的神经细胞，有望使因脊髓损伤而瘫痪的病人重新站立起来；不久的将来，失明、帕金森综合征、艾滋病、老年性痴呆、心肌梗死和糖尿病等绝大多数疾病的患者，都可望借助干细胞移植手术获得康复。

同胚胎干细胞相比，成人身体上的干细胞只能发育成20多种组织器官，而胚胎干细胞则能发育成几乎所有的组织器官。但是，如果从胚胎中提取干细胞，胚胎就会死亡。因此，伦理道德问题就成为当前胚胎干细胞研究的最大问题之一。美国政府明确反对破坏新的胚胎以获取胚胎干细胞，美国众议院甚至提出全面禁止胚胎干细胞克隆研究的法案。美国的一些科学家则对此提出了尖锐的批评，他们认为，将干细胞用于医学研究，在减轻患者痛苦方面很有潜力。如果浪费这样一个绝好的机会，结果将是悲剧性的。

随着基因工程、胚胎工程、细胞工程等各种生物技术的快速发展，按照一定的目的，在体外人工分离、培养干细胞已成为可能，利用干细胞构建各种细胞、组织、器官作为移植器官的来源，这将成为干细胞应用的主要方向。

知识小链接

基因工程

基因工程又称基因拼接技术和DNA重组技术，是以分子遗传学为理论基础，以分子生物学和微生物学的现代方法为手段，将不同来源的基因按预先设计的蓝图，在体外构建杂种DNA分子，然后导入活细胞，以改变生物原有的遗传特性、获得新品种、生产新产品。基因工程技术为基因的结构和功能的研究提供了有力的手段。

◎克隆技术与濒危生物保护

世界上的物种正在以每天上百种的速度灭绝，在保护濒危动物方面，人们采取了许多手段，但收效甚微。克隆技术的出现，对于挽救如大熊猫等珍稀濒危动物来说，是一个福音。体细胞克隆技术为动物品种保存提供了新的手段。从一套遗传信息，从一个细胞可以繁殖出一个动物，的确是一个诱人的前景，但目前还存在许多其他的困难，短期内不可能有实际的应用。

由于环境污染的日益加剧，植物种质资源受到极大威胁，大量有用基因遭到灭顶之灾，特别是珍贵物种。植物种质保存引起世界各国科学家和政府的广泛重视。用细胞和组织培养法低温保存种质，抢救有用基因的研究进展很快，像胡萝卜和烟草等植物的细胞悬浮物，在－20℃～－196℃的低温下贮藏数月，尚能恢复生长，再生成植株。如果南方的橡胶资源库能通过这种方法予以保护，那将为生产和研究提供源源不断的原材料。

大熊猫

动物克隆可有利于保存和发展

具有优良性状的动物品种，抢救濒危动物。例如一旦某种濒危动物只剩下一只动物，甚至即使该动物已经灭绝，但仍留下组织或细胞。就可以通过克隆技术来挽救或再生。

像中国的大熊猫、白鳍豚等，克隆技术能不能运用在它们的身上呢？

关于对大熊猫进行克隆的问题，已经引起了有关科学家之间的争论，那么，克隆其他濒危动物还存在着哪些困难呢？这些困难有没有可能加以克服呢？

困难之一：野生濒危动物与普通动物相比，目前存在世上的数量极少，可供做克隆实验的个体就更少了。以白鳍豚为例，目前世界上剩下的还不足百头，在武汉白鳍豚馆内人工饲养的“淇淇”，是可供科学家进行克隆实验的少数个体之一，但它是雄性的，即使克隆成功，最后的克隆幼子也不可能由它来做“代理母亲”。在多莉的诞生过程中，科学家共动用了3个“假妈妈”，总共使用了277个胚胎才取得最后成功的。

困难之二：目前人类已经克隆成功的羊、兔、猪、猴等动物，人们对它们的生活习性了如指掌，克隆这些动物相对容易。到目前为止，还有许多濒危野生动物的生长过程、生活习性等并不为人类所掌握，与克隆羊、兔、猪、猴等动物相比其成功率自然也要小得多。

困难之三：有些濒危动物的特殊生活环境，造成了科学家在克隆它们的过程中会遇到许多意想不到的事情。例如，由于白鳍豚是生活在水中的哺乳动物，它和生活在陆地上的绵羊、恒河猴相比，生活环境完全不同，这样，在进行克隆实验的过程中，技术操作的难度将大大增加。

趣味点击　**白鳍豚**

白鳍豚为国家一级保护动物，白暨豚、白旗。白暨豚是鲸类家族中小个体成员，中文名白鳍豚，属于喙豚科，身体呈纺锤形，全身皮肤裸露无毛，具长吻，白鳍豚已存在有2500万年，喜欢群居，视听器官严重退化，声纳系统特别灵敏，能在水中探测和识别物体。白鳍豚是恒温动物，用肺呼吸，被誉为“水中的大熊猫”。

因此，由于存在着上面这些困难，从理论上说，虽然克隆濒危野生动物是可行的，但是，依靠克隆技术拯救濒危动物的可能性却还是非常小的。不过，随着克隆技术的进一步发展，相信科学家会逐渐克服这些困难，让克隆濒危野生动物的理想真正实现，使这些珍贵的动物成为人类的朋友，让它们长久地成为我们这个世界的一部分。

◎ 动物克隆技术与畜牧业发展

克隆技术发展的最直接的受益者是畜牧业。畜牧业的效率主要来自动物个体性能和群体的繁殖性能。如果个体的生产性能好，用同样的投入可以生产出更多的产品；而群体的繁殖性能高，则会加快育种速度和增加种畜的数量，增加工作在第一线的动物比例，这些都会使经济效益大幅度提高。动物的生产性能和繁殖性能是由它们的遗传特性决定的，具有优良基因的动物有较好的生产性能。如优良品种的奶牛的产奶量，可能比那些较差或一般的奶牛高几倍甚至十几倍，这样的优秀个体一头就能抵得上几头、十几头牛，经济效益十分显著。如何能让这些优秀的个体的遗传基因尽可能多地遗传给后代，是科学家们想方设法要做的事。但在繁育后代时，来自父方和母方的遗传信息共同形成了后代的“遗传信息书”，这本“遗传信息书”虽然包含了父母双方的遗传信息内容，但这是一本全新的“书”，按这本“书”进行发育得到动物，其特性显然不会与上一代完全相同，这样上一代的优秀基因可能在子代中不能很好表达。而且动物尤其是母畜其繁殖能力是有限的，一生中能生出的后代并不多，这样，一头优秀的动物一生只能繁殖出数目有限的几个后代，这对其优良的遗传资源来说是一种浪费。

为了增加优秀动物个体的后代数量，在克隆技术问世之前，科学家们采用了人工授精、胚胎移植、体外授精等技术。

人工授精，是指利用人工的方法把优良公畜的精液注射到母畜体内使母畜受孕。这种技术可以扩大优秀公畜的后代数量和分布范围。

胚胎移植，可以用超数排卵的方法让优秀母畜多排出卵子，在卵子受精后，再把受精卵或早期胚胎从母畜体内取出来，移植到其他代理母畜的子宫内，代理母畜可以用生产性能较差的代替。这样可以使优良母畜的利用率增加。

体外授精，是指让卵子和精子在体外授精的技术。这种方式可以充分利用雌性动物卵巢中的卵子，以进一步发挥母畜遗传潜能。

在克隆技术出现以后，在动物繁育，扩大优良动物种群方面又增添了一个新的手段。首先可以通过胚胎分割的办法，把优秀的胚胎一分为二、一分为四，再使它们分别发育成完整的胚胎。但这种办法在实际生产中利用不多。

> **你知道吗**
>
> **胚胎分割**
>
> 胚胎分割是借助显微操作技术或徒手操作方法切割早期胚胎成二、四等多等份再移植给受体母畜，从而获得同卵双胎或多胎的生物学新技术。来自同一胚胎的后代有相同的遗传物质，因此胚胎分割可看成动物无性繁殖或克隆的方法之一。

用胚胎细胞核移植技术克隆动物，从理论上讲可以使优良的胚胎无限增加数量。在实际中通过胚胎细胞核得到了连续移植三代的克隆牛，最多由 1 个胚胎发育出 54 个遗传上相同的克隆胚胎。利用这一技术在 20 世纪 90 年代初期，世界各国得到了数千头克隆动物。但这种技术的弊端是无法将一个优良的动物个体复制下来，而只能克隆优秀动物的下一代。

体细胞核移植是使多莉出生的技术。这一技术为动物繁育勾画出一个美好的前景。利用这一技术就可以大量地复制优秀动物，扩大优秀动物的数量，这种技术与传统的育种技术结合，可以很快地改善种群的遗传结构。

生产多莉的罗斯林研究所所长布尔费尔德教授在英国下院科学技术特别委员会的听证会上表示：体细胞克隆技术将在 5 ~ 10 年内获得商业推广，将来有可能使 85% 的英国牛群由 10% ~ 15% 的优秀种群无性繁殖来提供，这 10% ~ 15% 的优秀种群仍由传统繁育方式生产，以保证遗传和变异。

动物克隆技术必将在畜牧业上发挥巨大的作用。

◎ 克隆技术服务农业

克隆技术在植物上的应用并不新鲜，它早已开始造福于人类的生活了，很可能你从菜场买回来的番茄，就是采用克隆技术培育成的新品种呢！

克隆技术在农作物遗传育种方面的应用，简单地说，就是科学家利用克隆技术从一种作物细胞里把 DNA 提取出来，并将其转移到另一种作物细胞里去，“克隆”出使之具有前一种作物性状的作物。自 1983 年克隆出世界上第一种基因移植作物——抗病毒烟草以来，人们在这方面的研究和应用，已取得了巨大成就。

到目前为止，人们主要克隆培育出了具有抗病性、抗害虫、抗除草剂、抗逆境、提高蛋白质含量、延缓衰老等优良特性的作物。这些通过克隆技术相继开发出的潜力可挖的作物育种新领地，对提高农作物的产量和质量具有重要的现实意义。

抗病性作物的克隆成功，是克隆技术在农业领域最鼓舞人心的业绩之一。我们都知道，种类繁多的病毒是农作物的天敌，它们的入侵使许多农作物的产量大大降低，往往会给农业造成重大的经济损失。据统计，仅此一项每年就使全球农作物平均减产 12%。而靠大量喷洒农药抵制病害，不但会对人体产生危害，而且对许多病毒、细菌也无济于事。因此，培植抗病毒作物成为科学家的一个选择，他们早就注意到某些受到中、低度病毒侵害的植物，其后反而增强了对烈性病毒的抵抗力，这说明低度病毒菌株的复制扰乱了烈性病毒的感染能力。科学家据此将这种“交叉保护”的原理应用于番茄和烟草中。

1983 年，美国华盛顿大学的比奇教授推论，病毒的某种单一成分可能起到了这种防护作用。于是，他构建了一个中间宿主——烟草花叶病毒的外壳蛋白基因，将其转移到烟草和番茄细胞中。结果发现，由此克隆出的受到蛋白基因感染的作物，获得了对高浓度病毒的抵抗能力，从而有力地证明了交叉保护原理的正确性。此后，科学家们利于这一原理和克隆技术，相继克隆出苜蓿、马铃薯、水稻和甜瓜等许多抗病毒作物。

马铃薯

克隆抗虫害的作物，是克隆技术在农业领域应用的另一重要目标。众所周知，棉花、小麦、马铃薯等作物非常容易受到害虫的侵害，而给农业带来极大危害，每年仅因虫害就使全世界损失数以千亿斤的粮食。在过去的30年里，科学家主要是靠杀虫剂来抵御虫害。为减少杀虫剂的使用量，他们发明了许多方法，其中一种最有效的方法是借助苏芸金杆菌来防御虫害。这种细菌能够产生一种杀虫剂蛋白，其高度的专一性及在植物组织中的定位，可以使其定向地攻击害虫。

20世纪80年代中期，科学家成功地从苏芸金杆菌细胞茵中分离出了杀虫剂蛋白质基因，并将这种基因转入番茄、马铃薯和棉花植株内，由此克隆出的植株表现出了对鳞翅目害虫的特异抗性，而正是蝶、蛾等鳞翅目昆虫的幼虫构成了主要的农业虫害。后来，又将这种方法加以改进，并把培育出的作物放入大田进行试验。几年来的农田试验表明，这种棉花使棉花杀虫剂的使用量减少了40%～60%。

克隆更多的抗除草剂作物，也是当前克隆技术在农业领域应用的一个重要方面。杂草是农业生产的大敌，它对环境的适应性和繁殖力都比作物强，与作物争夺养分、水分、阳光等，致使作物产量下降。同时，杂草也是病原体和害虫的巢穴，是病虫害的传播媒介。在全球农业生产中，杂草每年都会使粮食减产。尽管使用除草剂是一种有效省工的除草手段，但除草剂致毒时对作物和杂草有所选择，作物的生长发育仍或多或少地受到除草剂的影响。因此，如果作物本身具备抗除草剂的特性，那除草剂的使用自然会更为方便有效。

知识小链接

除草剂

除草剂是指可使杂草彻底地或选择地发生枯死的药剂。其中的氯酸钠、硼砂、砒酸盐、三氯醋酸对于任何种类的植物都有枯死的作用，但由于这些均具有残留影响，所以不能应用于田地中。选择性除草剂特别是硝基苯酚、氯苯酚、氨基甲酸的衍生物多数都有效。世界除草剂发展渐趋平稳，主要发展高效、低毒、广谱、低用量的品种，对环境污染小的一次性处理剂逐渐成为主流。

经过科学家的不懈努力，目前已经克隆出了抗甘草膦、敌稗、镇草宁等除草剂的作物。1987 年，比利时的德布劳克将一种能分解膦的基因，转入马铃薯、烟草和番茄植株中，由此产生的植株具有十分强的抗除草剂能力，即使除草剂喷施量超过正常量的 10 倍时，该植株也不受影响。同年，美国的托普森等人从鼠伤寒沙门杆菌中分离出 ar0A 基因，它的产物能有效地分解甘草膦。接着，孟山公司又把抗甘草膦的另一基因（EPsP 合成酶基因）转入大豆，也使大豆对甘草膦的抗性大大增加。

近年来，越来越多的与植物多种生理过程有关的基因相继被克隆，如农业上抗虫、抗病毒、控制果实成熟等方面都已获得了成功。

植物的传统育种与基因工程育种存在着很大的差异，常规育种的范围很小，只有同一种类或亲缘关系很近的种子才能杂交，例如小麦只能和高粱杂交。而使用了重组基因技术，就可以把外源的基因拿来，不管亲缘关系有多远，哪怕是微生物的基因、动物的基因都可以转到植物中去，例如将一些具有药用价值的基因转到土豆中去等。

总之，利用基因工程和克隆技术育种，可以大大简化育种的程序，扩大育种的范围，并且保持植物的多样性。

◎ 植物组织培养进行快速繁殖

如今，在美国和亚洲的一些国家，一个新兴的产业部门——“兰花工业”，正发展得如火如荼。

兰 花

兰花作为一种名贵花卉能从工厂里源源不断地生产出来，是组织培养技术应用于工业化生产的功劳。科学家们在对植物的研究过程中，发现植物体的各种器官组织都具有全息性，就是说这些组织的细胞，都可以经过分裂生长，最后分化发育成一棵完整的植株，也能开花结果，繁衍后代。这是因为它们都具有与全株植物相同的整套遗传物质，只是在发育过程中才分化成了根、茎、叶、花、果和种子等不同的器官组织。现在，已经有数百种植物器官组织可以通过这种方法培育植株了。

采用组织培养技术，可以大量地快速繁殖名贵花卉、瓜果苗木，进行工厂化生产，这就是所说的试管苗生产。澳大利亚科学家用这种技术，在试管内培养荔枝，12个月就可以结果，而通常需要7年时间！这令几千年前“一骑红尘妃子笑”的荔枝，在不远的将来会普及在“大江南北”，摆脱贵族身份了。此外，一个桉树芽繁殖出10万株树苗，100万株康乃馨来自一个康乃馨茎尖，刚刚“出生”49天的玫瑰就绽放出绚丽的花朵。这些奇迹都已经由组织培养技术变为现实。

在美国的某些市场上，你可以发现一种晶莹剔透、外观雅致的人工合成“种子”，这些种子也是细胞工程应用实例之一。

还是在1985年的时候，美

拓展阅读

组织培养

植物组织培养又叫离体培养，指从植物体分离出符合需要的组织。器官或细胞，原生质体等，通过无菌操作，在人工控制条件下进行培养以获得再生的完整植株或生产具有经济价值的其他产品的技术。

国一家植物遗传公司，向美国政府申请了一项名为“合成芹菜种子”的专利，并声称将在一二年内向市场提供这种利用植物组织培养技术所获得的商品“种子”。他们将芹菜茎切成小段，在实验室培养瓶里培养，形成大量伤愈组织；然后将伤愈组织分成许多小细胞团，放在盛有合成激素的锥形瓶内，诱导伤愈组织小细胞团分化形成大量微小的体细胞胚胎。体细胞胚胎能像天然种子一样发育成完整的芹菜植株，不同的只是这种“种子”大小相差悬殊，而且没有种皮。为了能使它进入商业化生厂，研究人员就给它们穿上了衣服：一层透明的有机材料膜和一层极薄的可以生物降解的聚合物膜，这样就成了人们在市场里见到的模样了。

这种合成种子由于不受季节、气候的限制，不需要农田，所以它可以在室内进行一定规模的工业化生产，给农业和工业之间架起了一座桥梁。它将彻底改变已经沿袭数千年的种子生产方式，给种子的工业化开创了美好前景。目前，其他植物的人工种子也在加紧开发中。

近年来，利用离体培养的细胞生产有用的次生代谢物质（细胞代谢过程中产生的“副产品”）的研究也很活跃。由于自然环境破坏、滥采滥伐，或因栽培期长、成本高等原因，一些特殊的经济作物和药物的产量受到限制。现在由于细胞组织培养法的运用，这些东西就可以像微生物细胞那样在发酵罐里进行生产了，一改过去只能从植物中提取或土壤栽培的传统生产方式。像许多药品、香料、天然色素、化妆品原料、甜味剂，都可以通过高产细胞来获得，从而实现天然产物的工业化生产。目前成功的例子有日本的人参皂甙（人参中起到药效的成分）、紫宁草等，例如人参皂甙是日本用130吨级的发酵罐进行人参细胞的工业化生产的，作为组织培养的人参细胞是由北里大学古谷力教授分离培育成的。这种方法生产出来的人参不仅保持了有效成分——人参皂甙，而且药效还更好些。另外联邦德国和加拿大也分别在强心剂药物和抗癌药物的生产上取得了可喜的成就。

综上所述，可见生物工程在农业方面的应用已颇见成效，前景广阔。发达国家在生物技术各领域的投资中，把农业列为第二位，仅次于医药保健，也是生物工程开发的重点。而农业作为国民经济的基础，历来受到各国高度重视，尤其在发达国家，农业享受到多方面的保护和优惠政策。面对日趋激烈的国际竞争，生物工程技术在农业方面的应用无疑会备受重视。

知识小链接

天然色素

天然色素是由天然资源获得的食用色素。主要从动物和植物组织及微生物（培养）中提取的色素，其中植物性着色剂占多数。天然色素不仅具有给食品着色的作用，而且，相当部分天然色素具有生理活性。

基因工程

SHENGMING DE YANXU
SHENGZHI YU YICHUAN

基因工程是生物科学的重要技术领域，在基础理论研究及应用研究中都占有重要地位。基因工程作为一种技术，已经与生物科学、医学、农业密切融合，成为这些领域非常重要的技术和基本知识。因此学习和掌握基因工程的基本理论和实验技术是许多专业领域的需要，本章节将为你介绍基因一些知识。

什么是基因工程

科学界预言，21 世纪是一个基因工程世纪。基因工程又称基因拼接技术和 DNA 重组技术，是以分子遗传学为理论基础，以分子生物学和微生物学的现代方法为手段，将不同来源的基因（DNA 分子），按预先设计的蓝图，在体外构建杂种 DNA 分子，然后导入活细胞，以改变生物原有的遗传特性、获得新品种、生产新产品。基因工程技术为基因的结构和功能的研究提供了有力的手段。

基因工程，又称为重组 DNA 技术，是按着人们的科研或生产需要，在分子水平上，用人工方法提取或合成不同生物的遗传物质（DNA 片段），在体外切割，拼接形成重组 DNA，然后将重组 DNA 与载体的遗传物质重新组合，再将其引入到没有该 DNA 的受体细胞中，进行复制和表达，生产出符合人类需要的产品或创造出生物的新性状，并使之稳定地遗传给下一代。按目的基因的克隆和表达系统，分为原核生物基因工程、酵母基因工程、植物基因工程和动物基因工程。基因工程具有广泛的应用价值，为工农业生产和医药卫生事业开辟了新的应用途径，也为遗传病的诊断和治疗提供了有效方法。基因工程还可应用于基因的结构、功能与作用机制的研究，有助于生命起源和生物进化等重大问题的探讨。

知识小链接

载　体

载体是能载带微量物质共同参与某种化学或物理过程的常量物质，在基因工程重组 DNA 技术中将 DNA 片段（目的基因）转移至受体细胞的一种能自我复制的 DNA 分子。三种最常用的载体是细菌质粒、噬菌体和动植物病毒。

基因工程有两个重要的特征：第一是可把来自任何生物的基因转移到与

其毫无关系的任何其他受体细胞中，因此可以实现按照人们的愿望，改造生物的遗传特性，创造出生物的新性状；第二是某一段 DNA 可在受体细胞内进行复制，为准备大量纯化的 DNA 片段提供了可能，拓宽了分子生物学的研究领域。

基因工程的诞生

由于分子生物学和分子遗传学发展的影响，基因分子生物学的研究也取得了前所未有的进步，为基因工程的诞生奠定了坚实的理论基础。这些成就主要包括了3 个方面：①在20 世纪40 年代确定了遗传信息的携带者，即基因的分子载体是 DNA 而不是蛋白质，从而明确了遗传的物质基础问题。②在 20 世纪 50 年代揭示了 DNA 分子的双螺旋结构模型和半保留复制机制，解决了基因的自我复制和传递的问题。③在 20 世纪 50 年代末期和 20 世纪 60 年初，相继提出了中心法则和操纵子学说，并成功地破译了遗传密码，从而阐明了遗传信息的流向和表达问题。

使人们期待已久的，应用类似于工程技术的程序，主动地改造生物的遗传特性，创造具有优良性状的生物新类型的美好愿望，从理论上讲已经有可能变为现实。

但在 20 世纪 60 年代的科学技术发展水平下，真正实施基因工程，还有一些问题：

要详细了解 DNA 编码蛋白质的情况，以及 DNA 与基因的关系等，就必须首先弄清 DNA 核苷酸序列的整体结构，怎样才能分离出单基因，以便能够在体外对它的结构与功能等一系列的有关问题作深入的研究，对于基因操作来说是十分重要的环节。在 20 世纪 70 年代两项关键技术：DNA 分子的切割与连接技术，DNA 的核苷酸序列分析技术从根本上解决了 DNA 的结构分析问题。

应用核酸内切酶和 DNA 连接酶对 DNA 分子进行体外的切割与连接，是

20世纪60年代末和70年代初发展起来的一项重要的基因操作技术。有人甚至说它是重组DNA的核心技术。1972年在旧金山H. W. Boyer实验室首先发现的EcoRI核酸内切限制酶具有特别重要的意义。1967年在世界上有5个实验室几乎同时发现了DNA连接酶。1970年当时在威斯康星大学的H. G. Khorana实验室的一个小组，发现T4DNA连接酶具有更高的连接活性，有时甚至能催化完全分离的两段DNA分子进行末端的连接。到了1972年底，人们已经掌握了好几种连接双链DNA分子的方法。

知识小链接

内切酶

内切酶，即限制性核酸内切酶。亦称限制性核酸酶。它是一种能催化多核苷酸的链断裂的酶，只对脱氧核糖核酸内一定碱基序列中某一定位置发生作用，把这位置的链切开。通过内切酶可以把某一个遗传基因切下来，若再连在别的细胞的遗传基因上，便可使这细胞具有新的遗传特性。内切酶的发现和采用，使基因工程成为可能。

在20世纪70年代，将外源DNA分子导入大肠杆菌的转化现象获得成功，1972年斯坦福大学的科恩等人报道，经氯化钙处理的大肠杆菌细胞同样也能够摄取质粒的DNA，从此，大肠杆菌便成了分子克隆的良好的转化受体。不到4年，世界上第一家基因工程公司“Genetech”注册登记，意味着基因工程的实际应用已跨入商业运作的门槛。

70年代初期，开展DNA重组工作，无论在理论上还是技术上都已经具备了条件。1972年，斯坦福大学的伯格博士领导的研究小组，率先完成了世界上第一次成功的DNA体外重组实验，并因此与吉尔伯特，桑格分享了1980年度的诺贝尔化学奖。

1980年，第一只经过基因改造的老鼠诞生；1996年，第一只克隆羊诞生；1999年，美国科学家破解了人类第22组基因排序列图；未来的计划是可以根据基因图有针对性地对有关病症下药。

从前面的内容中我们已经了解了 DNA、RNA 和蛋白质之间的关系，同时，也能看出它们对于生命活动的重要意义。这些都是科学家们研究自然现象的发现。千百年来，生命就是这样繁衍，只是前人搞不明白，生命的奥秘没被发现。今天的生命科学证实了一些古代神话，也纠正了一些迷信传说，探索生命的奥秘还在深入进行。下面要讲的基因工程，虽说神奇，但可不是神话。它正深入到我们生活的各个领域，并已取得惊人的成就。神奇的基因工程给人们的生活锦上添花，使生物学成为当代自然科学中最引人注目的一颗新星。

基因工程是利用生命的自然规律加上我们人类的智慧来创造新生命。在这些内容中，大家会了解更大范围的生命现象，细细回味它的绚丽多彩，你也会为这年轻的基因工程所具有的天斧神工感到惊讶不已。

怎样进行基因工程

神奇的基因工程属于高科技，它可以让细菌生产蚕丝；让马铃薯枝上结西红柿，根上长土豆。早在 20 世纪 80 年代，同一窝小白鼠中出现了“巨鼠”。这是基因工程的产物。而后，超巨型鱼、羊、鸡等也相继出现。下面以细菌生产胰岛素作为例子，来讲讲基因工程的操作过程。

胰岛素是人体分泌的一种蛋白质类激素，具有重要的生理功能。医学上可用胰岛素治疗糖尿病，它是非常贵重的药品。科学家首先搞清了胰岛素这种蛋白质的结构，又深入研究了控制胰岛素的基因。只有把基因搞清楚了，才能进行基因工程。

◎ 精确的手术刀——限制性内切酶

胰岛素的基因不很大，可以从人体细胞的 DNA 中分离出来这个基因。科学家们用一类具有手术刀一样功能的限制性内切酶对长链 DNA 进行切割。这类酶能够按一定规则把 DNA 切割成大小不等的片段。胰岛素基因就存在于这些片段之中。通过一些先进技术，可以把胰岛素基因从成千上万的片段中找出来。可是，这样找到的胰岛素基因细菌细胞不能利用。这是因为胰岛素基因是高等生物的基因，在 DNA 中有一些序列细菌细胞不能识别。科学家们就进行加工改造，从另一条途径分离得到了细菌细胞能识别和利用的胰岛素基因。对一些比较小的基因，搞清楚它们的 DNA 序列，也可以用人工合成的方法，制造出这个基因。

◎ 超微型载车——载体 DNA

得到了胰岛素基因，还要进行非常关键的一环，就是把这个基因与一个称为载体的很小型的 DNA 连接起来。载体在基因工程中非常重要，它就像一辆带有标记的汽车，能把胰岛素基因安全地带入活细胞中，还能在活细胞中加工复制自己，这也使得和它连在一起的胰岛素基因一块复制。同时，载体上所带的标记可以告诉科学家这个基因在哪里，什么方位，使人们能跟踪它、掌握它。

◎ 精细的缝衣针——连接酶

把胰岛素基因和载体结合在一起的工作，要由一类被称为连接酶的蛋白质来完成。连接酶就像是胶水或缝衣针一样，把分开的 DNA 片段连接起来，成为一体。由于这些片段重新组合后被连接，所以我们称连接好的这些片段为重组体。

◎ 单细胞的生产车间——大肠杆菌

接下来的工作是把这些含有胰岛素基因的重组体导入活细胞中。这种活细胞多是大肠杆菌，也可以是其他别的细菌。把这些细菌和重组体混合在一起，用一些化学药物处理后，重组体就能穿过细菌细胞膜进入到里边。也可以用电激的方法。这是当高压放电时，细菌细胞膜会产生瞬时破裂，紧接着又会愈合完整。附着在细胞周围的重组体会利用细胞膜瞬时破裂之机，钻入细胞内，这个过程称为重组体的导入。

具有丰富经验的科学家利用载体所带的记号，可以从大量的细菌中把含有重组体的和不含重组体的细菌分开，单独培养带有胰岛素基因的细菌。这时胰岛素基因会在载体的协助下，利用细菌细胞内的原料来合成人类所需的胰岛素。细菌的生长速度很快，基因工程最常用的大肠杆菌每20分钟就能繁殖一代。可以想象细菌生产胰岛素的效率有多高呀。

你知道吗

重组体

通过重组作用所产生的具有与双亲中任一方都不同的基因型的子代。是不同来源的DNA组合成的分子。

转基因技术

将人工分离和修饰过的基因导入到生物体基因组中，由于导入基因的表达，引起生物体的性状的可遗传的修饰，这一技术称之为转基因技术。人们常说的“遗传工程”、“基因工程”、“遗传转化”均为转基因的同义词。经转基因技术修饰的生物体在媒体上常被称为“遗传修饰过的生物体”。

转基因技术，包括外源基因的克隆、表达载体、受体细胞，以及转基因途径等，外源基因的人工合成技术、基因调控网络的人工设计发展，导致了21世纪的转基因技术将走向合成生物学时代。

运用科学手段从某种生物中提取所需要的基因，将其转入另一种生物中，使与另一种生物的基因进行重组，从而产生特定的具有优良遗传形状的物质。利用转基因技术可以改变动植物性状，培育新品种。也可以利用其他生物体培育出人类所需要的生物制品，用于医药、食品等方面。

◎转基因动物

1997年2月，第一头无性繁殖的克隆羊多莉出生，标志着克隆哺乳动物的成功，更有利于转基因动物的培育和利用。

所谓转基因动物，是用实验方法，把外源基因导入到动物体内，这种外源基因与动物本身的染色体整合，这时外源基因就能随细胞的分裂而增殖，在体内得到表达，并能传给后代。世界上第一只转基因动物巨鼠，是将大白鼠生长激素导入小白鼠的受精卵中，再将这个受精卵移入借腹怀胎的母鼠子宫中，产下的小白鼠比一般的大一倍。这只在遗传学上具有重大意义的转基因动物的研究培育成功，展现出诱人的光明前景。将外源基因导入家畜，能使家畜朝人类希望的目标靠拢，如肉质改善、饲料增效、个体增大、体重增加、奶量提高、脂肪减少等。例如将长瘦肉的基因导入猪细胞中，猪就成为瘦肉型；将促乳汁分泌的基因导入牛、羊细胞中，这些转基因牛、羊乳汁猛增；还有科学家将貂的长皮毛基因导入羊细胞中，培育出长出类似貂毛毛皮的羊。

克隆动物的操作过程中，完全可以同时进行转基因操作。在体细胞取出的核并与去核的卵细胞结合之前，将有关的人类基因注入，这样，培育的“转基因克隆羊”，就会产生出人类蛋白质。

转基因鱼

中国运用基因工程技术创造的转基因动物，经济效益位居榜首的是“转基因鲤鱼”，这种变种鱼已有了好几代。它们食量大、长得快，是普通鲤鱼长速的2～3倍，而且，各项实验表明，它们生长快速的性状是可以遗传的。

转基因鲤鱼

中国科学院水生所的科研人员，在20世纪90年代初已建立了一个完整的转基因鱼模型。他们用转基因的方法人工培育的金鱼，也比普通金鱼的生长速度提高4倍。

科学家还用细胞工程获得了新鱼种。这种使鱼卵和细胞融合的极化注射新技术，是将鱼类的培养细胞注入鱼类未受精卵，从而获得了鱼类体细胞工程鱼。他们还将草鱼身上的细胞核取出来，移植到鲫鱼未受精卵中，培养出一种变种鱼。这种鱼体形酷似草鱼，且具有抗病毒性能，而其银白闪亮的鳞又像鲫鱼。科学家采用核移植技术，构建罗非鱼核质杂种鱼也取得了进展。

科学家还用人工诱导雌、雄核发育技术，借助鱼类不同性别的生长优势，达到增产的目的。培育成草鱼全雌性纯合系，投入了天然水域饲养。中国育成的“异育银鲫”，比当地两性鲫鱼群体生长快 1 ~ 2 倍。人工诱导鱼类多倍体也获得成功。三倍体鱼经人工养殖，具有生长快、体型大、肉质好、寿命长的优点，具有很好的实用价值。

知识小链接

三倍体

含有三组染色体的细胞或生物。三倍体生物因难以进行减数分裂形成配子，故常不育。

超常记忆的小蜜蜂

小蜜蜂

一般蜜蜂学习外出采蜜，需要花较长一段时间才能由近而远辨认四周地形和颜色，并记认归巢之路。而我们这里讲的小蜜蜂，它的记忆可棒了。第一次放飞，而且飞得很远很远，小蜜蜂就能顺利返回家巢。原来它是被进行了“记忆”移植术。初听起来，好似令人不可思议，只听说过胳膊、腿、心脏等器官移植。这看不到摸不到的记忆怎样移植的呢？但事实确实如此。英格兰的科学家花了 5 年心血才做成功了这个“移植手术”，这是世界上第一个记忆移植术。

在20世纪80年代，科学家做了很多简单形式的学习和记忆试验：海兔的敏感化学习；海生蜗牛的条件学习；哺乳动物海马的大脑无监督学习以及小脑的有监督学习。尽管试验的动物不同，行为现象各异，但学习和记忆都有它共同的分子基础。这个分子基础就是脑体记忆蛋白质分子。

科学家先用精密器械从认识路途的大蜜蜂的脑体中取出记忆蛋白分子，然后用微型注射器将其注入正在形成的幼虫脑体中。这些受过脑移植的小蜜蜂成虫后，不仅能识路，而且在初次放飞时就会吃食。

1982年底，美国有4个实验室报道：“超级小鼠诞牛了”。科学家把大白鼠负责长大个儿的生长素基因拼接上一个“头”——启动子，组成一个杂交基因，然后把它克隆出来。大家还记得前面讲的克隆过程吗？就是用精确的“手术刀”——内切酶，切下你所需要的生长素基因片段；找到合适的超微型载体——载体DNA；用精细的“缝衣针”——连接酶，将载体DNA和生长素基因片段连接起来；再导入大肠杆菌，让它替你完成保存和繁殖的任务。待需要时就把克隆化的生长素基因用显微注射器注入到小鼠受精卵核内，再将受精卵移植到养母鼠的输卵管内发育，21天后得到了很多新生鼠。小鼠长得很快，74天体重接近同窝正常小鼠的两倍。有的超级小鼠血清中的生长激素水平竟达到正常小鼠的100~800倍。后来，科学家用同样的方法培育出超巨型鱼、猪、羊、鸡、兔、牛等。这些动物吃得少，长得快，体内脂肪少，人们甚至可以在饲料中加减锌，添加有关的基因物质，控制它们的生长，以满足人们的需要。我国已培育出个体大的金鱼、鲤鱼和圆头鲂等。

基因药物

目前在全世界范围内正在用基因工程开发的药物和疫苗估计在100种以上。医药有：人胰岛素、人生长激素、干扰素、肿瘤坏死因子、消化酶、红细胞生长素，等等。疫苗有：麻风杆菌、百日咳杆菌、脑膜炎球菌、传染性腹泻菌等，还有乙型肝炎、甲型肝炎、带状疱疹、流感、非甲非乙型肝炎、人免疫缺陷病毒、乳头状瘤等，对寄生虫如疟原虫、血吸虫、锥虫等也已有药。

现在世界上从创伤、烧伤、骨折愈合到传染病防治，直至癌症疗法的改进，均有基因工程开发出来的新药。可见基因工程硕果累累。

◎ 转基因植物

转基因植物是指拥有来自其他物种基因的植物。该基因变化过程可以来自不同物种之间的杂交，但今天该名词更多的特指那些在实验室里通过重组 DNA 技术人工插入其他物种基因以创造出拥有新特性的植物。

转基因植物的研究主要在于改进植物的品质，改变生长周期或花期等提高其经济价值或观赏价值；作为某些蛋白质和次生代谢产物的生物反应器，进行大规模生产；研究基因在植物个体发育中，以及正常生理代谢过程中的功能。

以植物作为生物技术的实验材料有其特定的优点，那就是植物细胞大部分都有全能性，可以用单个细胞分化发育出整个植株。这样，经过基因工程改造的单个植物细胞有可能再生成一棵完整的转基因植株。这些植株还可通过有性生殖过程把改变了的性状遗传给下一代。

植物基因工程用作外源基因的转化受体有许多种，包括胚性愈伤组织、分生细胞、幼胚、成熟胚、受精胚珠、种子和原生质体等。从这些受体细胞都可获得再生的转基因植株。

植物基因转化方法

遗传转化的方法按其是否需要通过组织培养再生植株可分成两大类，第一类需要通过组织培养再生植株，常用的方法有农杆菌介导转化法、基因枪法；另一类方法不需要通过组织培养，目前比较成熟的主要有花粉管通道法。

1. 农杆菌介导转化法

农杆菌是普遍存在于土壤中的一种革兰阴性细菌，它能在自然条件下趋化性地感染大多数双子叶植物的受伤部位，并诱导产生冠瘿瘤或发状根。根癌农杆菌和发根农杆菌中细胞中分别含有 Ti 质粒和 Ri 质粒，其上有一段T－DNA，农杆菌通过侵染植物伤口进入细胞后，可将T－DNA插入到植物基因组中。因此，农杆菌是一种天然的植物遗传转化体系。人们将目的基因插入到经过改造的T－DNA区，借助农杆菌的感染实现外源基因向植物细胞的转移与整合，然后通过细胞和组织培养技术，再生出转基因植株。

农杆菌介导法起初只被用于双子叶植物中，近年来，农杆菌介导转化在一些单子叶植物（尤其是水稻）中也得到了广泛应用。

2. 基因枪介导转化法

利用爆炸或高压气体加速（这一加速设备被称为基因枪），将包裹了带目的基因的DNA溶液的高速微弹直接送入完整的植物组织和细胞中，然后通过细胞和组织培养技术，再生出植株，选出其中转基因阳性植株即为转基因植株。与农杆菌转化相比，基因枪法转化的一个主要优点是不受受体植物范围的限制。而且其载体质粒的构建也相对简单，因此也是目前转基因研究中应用较为广泛的一种方法。

3. 花粉管通道法

在授粉后向子房注射含目的基因的DNA溶液，利用植物在开花、受精过程中形成的花粉管通道，将外源DNA导入受精卵细胞，并进一步地被整合到受体细胞的基因组中，随着受精卵的发育而成为带转基因的新个体。该方法于20世纪80年代初期由我国学者周光宇提出，我国目前推广面积最大的转基因抗虫棉就是用花粉管通道法培育出来的。该法的最大优点是不依赖组织培养人工再生植株，技术简单，不需要装备精良的实验室，常规育种工作者易于掌握。

发光烟草

夏夜里，当我们躺在郊野的草坪上，会经常看到一闪一闪的萤火虫在上空徘徊，美妙而又神秘。可是当你看到地里长的植物也像萤火虫一样，一闪一闪地发光，在漆黑的夜晚，犹如万盏华灯，你一定会感到惊奇。这种植物就是20世纪90年代美国唐纳德·海林斯基等生物学家搞出来的发光烟草。

萤火虫能够发光是由于它体内有一种荧光素酶，当然它也是蛋白质。如果按酶的功能，应该叫作生物催化剂。荧光素酶能够“指挥”一种 D 型荧光素脱去“盖子”，这段“盖子”的羧基。一旦羧基脱去，这个荧光素就能发射出“子弹”，这种“子弹”叫光量子，也就是我们看到的一闪一闪的光。

现在科学家已经找到了这个负责荧光素酶的基因。人们就希望它不仅在萤火虫身上发光，也希望它在不会动的植物中发光。于是人们就采用基因工程的手段，把负责荧光素酶的基因“请”到了烟草中。

你知道吗

光量子

原始称呼是光量子，电磁辐射的量子，传递电磁相互作用的规范粒子，其静止质量为零，不带电荷，其能量为普朗克常量和电磁辐射频率的乘积，在真空中以光速运行，其自旋为 1，是玻色子。

负责合成荧光素酶的基因和其他许多别的基因都排列在 DNA 上。要把它从 DNA 长链中取下来，需要我们前面讲的“剪刀”——内切酶。当用内切酶把荧光素酶基因剪下后，还要为它选择一个合适的“交通工具”，这就是基因工程中所说的载体。最后还要用一种类似于缝衣针作用的酶，把载体和基因牢固地缝合在一起，这种酶就是很有名气的连接酶。

这样，来自萤火虫“细胞”就到了烟草“细胞”的门口，怎样闯入烟草的“细胞”呢？这回该是载体主动的时候了。这个载体叫 Ti 质粒，只要把它和烟草细胞放在一起，共同生活 36 ~ 48 小时，就可以把发光基因悄悄带进烟草细胞中。基因一进入到细胞里，就“神气”起来了。它发布指令，合成荧光素酶。这个酶产生后能够催化荧光素发光，而且它的“本领”非常大，可以让所有的 D 型荧光素都脱去羟基，放出很强的荧光。这个实验是在美国加利福尼亚大学的一块试验田里实验成功的。

知识小链接

荧光素酶

荧光素的产生实质上是受荧光蛋白基因的控制的，在这种基因的转录和翻下指导合成的荧光蛋白实质上就是荧光素酶了。

利用烟草开展基因工程研究现在又有了新鲜事。科学家们把负责水母变种发冷光的基因转移到烟草中。当轻轻触摸烟草时，这个烟草会发出微弱的蓝光，这一现象说明，植物也具有触觉。这些研究对植物学的意义可大了。

耐寒治病的西红柿

冬天我们也能吃上西红柿，但很少而且很贵。这是因为西红柿怕冷，我们必须花很多的钱给它盖温室、烧暖气。有些水果、蔬菜在冬天是吃不到新鲜的，比如桃、西瓜等。因为不可能给果树、瓜地都盖上大棚，安上暖气。怎样才能使那些怕冷的植物不怕冻呢？如果把它们逐渐地放置在较冷的地方进行自然演化，也是可以的，但那将是一个漫长的过程，至少要千百年的时间。而科学家用基因工程的方法，很快地创造出了不怕冻的西红柿。

科学家在特别冷的北极考察，发现一种极地鱼类——冬比目鱼活得很好。鱼类不像北极熊是恒温动物并有皮毛保温。那么为什么冬比目鱼会在冻水中活得很好呢？经过一段详细研究，搞清了是一种抗冻蛋白在起作用。这种蛋白有抗冰晶化作用。科学家利用这种蛋白，顺藤摸瓜，先搞出了指导抗冻蛋白生产的mRNA。又利用mRNA合成了抗冻蛋白——抗冻基因。由于现在已经有了许多高级精密仪器，当把某一个基因的密码顺序搞清楚后，就可以利用DNA合成仪来合成这个片段。冬比目鱼的抗冻基因就是这样合成的。

开始合成的冬比目鱼抗冻基因，不完整，缺少“头部”。这个“头部”在基因工程中叫作启动子。科学家就为它接上一个“头”，成了具有启动子的完整基因。把这个抗冻基因和一个叫作Ti质粒的载体连接上，靠着Ti质粒这辆“超微型载车”，把冬比目鱼的抗冻基因导入了西红柿的细胞里。当这个基因在西红柿细胞里起作用时，西红柿就不怕冻了。

现在美国的一个公司，在田间种了许多西红柿，它们都具有冬比目鱼的抗冻蛋白。这种西红柿不怕冷了，但还要检验这种西红柿是不是和以前一样好吃，有营养。科学家还在进一步深入研究。

利用冬比目鱼的抗冻基因，人们还做了许多实验。加拿大的科学家用电激法把抗冻基因打入到玉米细胞中。具有了这种基因的玉米，也会产生抗冻蛋白。这样，玉米也就不再怕冷了。

还有一个关于西红柿的小故事，那就是西红柿含有降压药。当然，这又是基因工程的杰作。当人们患有高血压时，常常要吃降压药把血压降下来，使其保持正常。在众多降压药中有一种非常小的蛋白质的基因已经被日本科学家找到了，然后利用烟草病毒当载体，把它从西红柿的叶子上载入细胞。进入细胞后的小蛋白基因，指挥合成了很多很多能降压的小蛋白，最后这些小蛋白都转运到果实中。当高血压的人吃到这种西红柿，不但有营养，而且能治病，吃西红柿可比吃药好多了。

西红柿

大家听到载体是病毒，可能很不舒服。这不用担心，基因工程中用的植物病毒载体，一方面是经过改造的。另一方面，植物病毒是不会感染人的。多彩的植物蓝、红、绿色玉米：你们在夏末秋初吃着玉米的时候，注意到玉米粒的颜色了吗？它们大都是黄的，也有白的。但现在由一位育种爱好者培育出了彩色高产玉米。这种玉米棒上排列着深蓝色、红色和绿色的玉米粒。你们看到一定觉得很新鲜吧。

蓝色玫瑰花

蓝色是全世界人都喜欢的颜色。但玫瑰却没有蓝色，它是蔷薇属的花。墨尔本的科学家，花了 4 年的时间从矮牵牛属、鸢尾属和翠雀属植物中分离出控制各种蓝色的基因。利用基因工程的方法获得了蓝色玫瑰花，一下就登上了世界插花市场和发达国家的礼品市场。产生各种颜色是植物独特的本领，这是由于植物体内能合成多种色素。而控制各种颜色的，DNA 中的基因。如果按着传统的常规方法培育出奇特颜色的植物，那是一件时间长，工作量大，非常困难的事：而科学家利用高科技基因工程的方法，从根本上改造植物，大大缩短了培育新品种的时间。

抗虫、抗病植物

植物和人一样，也怕病毒、细菌、真菌和害虫的侵袭。人有腿有手，可躲可攻。植物对来犯者就无能为力了。虽然植物也有自己的防卫系统，但那只能是对自己稍加一点保护。1993 年我国因棉铃虫危害，几乎造成四分之三棉花的减产。为帮助植物抗虫、抗病，科学家利用基因工程技术，培养出抗虫、抗病毒的烟草、水稻、玉米、西红柿、甘薯等植株。为什么这些植物不怕害虫了呢？原来科学家们在一种菌中发现了一种结晶状的毒蛋白，这种毒蛋白在昆虫的消化道内变得特别活跃，使昆虫消化道损伤，最终导致昆虫死亡，而对其他生物无害。科学家就从菌的 DNA 上切下了这段毒蛋白基因，再把这个基因插入到植物细胞的 DNA 中。随着植物细胞 DNA 的活动，合成了很多抗虫的毒蛋白，虫子吃了它，自己的消化道就慢慢地烂掉了。

拓展阅读

真　菌

真菌是一种真核生物。最常见的真菌是各类蕈类，另外真菌也包括霉菌和酵母。现在已经发现了 7 万多种真菌，估计只是所有存在的一小半。

还有一种虫子害怕的毒蛋白，它的名字叫胰蛋白酶抑制因子。胰蛋白酶是负责消化食物的。胰蛋白酶抑制因子可阻止害虫的消化功能。科学家从一种植物中找到了该抑制因子的基因，并成功地把它引入了烟草、甘薯等植物中，这个基因在叶子中指挥合成了很多胰蛋白酶抑制因子，害虫吃了东西后因消化不良，结果活活被撑死。在世界范围内，抗虫植物将陆续成为商品，1994 年已有抗棉铃虫的棉花上市；抗性植物对付病毒的办法是自身产生更多的防卫蛋白或卫星 RNA，也就是提高植物自身的抵抗力。这些防卫蛋白或卫星 RNA 可以把病毒挡在植物细胞壁外，或将病毒包围起来，使它不能再繁殖，不能致病。

◎ 转基因食品

“转基因食品”如今已经在世界上多个国家成了环境和健康的中心议题。并且，它还在迅速分裂着大众的思想阵营：赞同它的人认为科技的进步能大大提高我们的生活水平，而畏惧它的人则认为科学的实践已经走得“太快”了。

那么，什么是“转基因食品”呢?

转基因食品，就是指科学家在实验室中，把动植物的基因加以改变，再制造出具备新特征的食品种类。许多人已经知道，所有生物的 DNA 上都写有遗传基因，它们是建构和维持生命的化学信息。通过修改基因，科学家就能够改变一个有机体的部分或全部特征。不过，到目前为止，这种技术仍然处于起步阶段，并且没有一种含有从其他动植物上种植基因的食物，实现了大规模的经济培植。同时许多人坚持认为，这种技术培育出来的食物是“不自然的”。世界上第一种基因移植作物是一种含有抗生素药类抗体的烟草，1983 年得以培植出来。又过了 10 年，第一种市场化的基因食物才在美国出现，它就是可以延迟成熟的番茄作物。一直到 1996 年，由这种番茄食品制造的番茄饼，才得以允许在超市出售。

你知道吗

细胞壁

细胞壁原核生物和真核生物的结构和功能的基本单位。除病毒外，一切生物均由细胞构成，根据细胞内核结构分化程度的不同，细胞可以分为原核细胞和真核细胞两大类型。细胞壁是细胞的外层，在细胞膜的外面，细胞壁之厚薄常因组织、功能不同而异。植物、真菌、藻类和原核生物都具有细胞壁，而动物细胞不具有细胞壁。细胞壁本身结构疏松，外界可通过细胞壁进入细胞中。

知识小链接

抗生素

抗生素是由微生物（包括细菌、真菌、放线菌属）或高等动植物在生活过程中所产生的具有抗病原体或其他活性的一类次级代谢产物，能干扰其他生活细胞发育功能的化学物质。现临床常用的抗生素是由微生物培养液中提取物以及用化学方法合成或半合成的化合物。目前已知天然抗生素不下万种。

为什么一些人认为转基因技术或许对人类健康有害呢？批评者认为，目前我们对基因的活动方式了解还不够透彻。我们没有十足的把握控制基因调整后的结果。批评者担心突然的改变会导致有毒物体的产生，或激发过敏现象。另外还有人批评科学家所使用的 DNA 会取自一些携带病毒和细菌的动植物，这可能引发许多不知名的疾病。我们应该相信我们所吃的食物吗？为了确保消费者的安全和维持信心，所有食品都必须经过一系列的检测管理程序。检测程序的目的是在食品上市前就发现问题。如果消费者不幸因为所吃的食品而得病，这往往是因为食品生产线存在问题。

运用基因工程技术，不但可以培养优质、高产、抗性好的农作物及畜禽新品种，还可以培养出具有特殊用途的动植物。

转基因食品的种类

为了提高农产品营养价值，更快、更高效地生产食品，科学家应用转基因的方法，改变生物的遗传信息，拼组新基因，使今后的农作物具有高营养、耐贮藏、抗病虫和抗除草剂的能力，不断生产新的转基因食品。

第一类，植物性转基因食品。

植物性转基因食品很多。例如，面包生产需要高蛋白质含量的小麦，而目前的小麦品种含蛋白质较低，将高效表达的蛋白基因转入小麦，将会使做成的面包具有更好的焙烤性能。

番茄是一种营养丰富、经济价值很高的果蔬，但它不耐贮藏。为了解决番茄这类果实的贮藏问题，研究者发现，控制植物衰老激素乙烯合成的酶基因，是导致植物衰老的重要基因，如果能够利用基因工程的方法抑制这个基因的表达，那么衰老激素乙烯的生物合成就会得到控制，番茄也就不会容易变软和腐烂了。美国、中国等国家的多位科学家经过努力，已培育出了这样的番茄新品种。这种番茄抗衰老，抗软化，耐贮藏，能长途运输，可减少加工生产及运输中的浪费。

第二类，动物性转基因食品。

动物性转基因食品也有很多种类。比如，牛体内转入了人的基因，牛长大后产生的牛乳中含有基因药物，提取后可用于人类病症的治疗。在猪的基因组中转入人的生长素基因，猪的生长速度增加了一倍，猪肉质量大大提高。

> 你知道吗
>
> **霍　乱**
>
> 霍乱是一种烈性肠道传染病，两种甲类传染病之一，由霍乱弧菌污染水和食物而引起传播。临床上以起病急骤、剧烈泻吐、排泄大量米泔水样肠内容物、脱水、肌痉挛、少尿和无尿为特征。严重者可因休克、尿毒症或酸中毒而死亡。在医疗水平低下和治疗措施不力的情况下，病死率甚高。

第三类，转基因微生物食品。

微生物是转基因最常用的转化材料，所以，转基因微生物比较容易培育，应用也最广泛。例如，生产奶酪的凝乳酶，以往只能从杀死的小牛的胃中才能取出，现在利用转基因微生物已能够使凝乳酶在体外大量产生，避免了小牛的无辜死亡，也降低了生产成本。

第四类，转基因特殊食品。

科学家利用生物遗传工程，将普通的蔬菜、水果、粮食等农作物，变成能预防疾病的神奇的“疫苗食品”。科学家培育出了一种能预防霍乱的苜蓿植物。用这种苜蓿来喂小白鼠，能使小白鼠的抗病能力大大增强。而且这种霍乱抗原，能经受胃酸的腐蚀而不被破坏，并能激发人体对霍乱的免疫能力。于是，越来越多的抗病基因正在被转入植物，使人们在品尝鲜果美味的同时，达到防病的目的。

转基因食品前景乐观

虽然对于转基因食品还存在这样那样的争论，但它的优势还是表现得越来越显著。在美国得到普遍种植的转基因玉米中色氨酸含量提高了20%。色氨酸是人体必需的氨基酸，无法自己合成，只能从外界摄取，一般植物性食品中色氨酸含量很低甚至没有，只有靠动物性食物中获取，转基因玉米的出现，对于素食主义者而言，无疑是个喜讯。转基因油菜，不饱和脂肪酸的含量大增，对心血管有利。转基因工程牛奶，增加了乳铁蛋白、抗病因子的含量，降低了脂肪含量……

在我国，人多地少状况突出，基因工程是解决粮食产量、提高粮食质量的重要途径。近年来，我国转基因食品的研究有了长足的进步，研究水平在不断提高。

基因工程的前景

广角镜

酶工程

酶工程就是将酶或者微生物细胞，动植物细胞，细胞器等在一定的生物反应装置中，利用酶所具有的生物催化功能，借助工程手段将相应的原料转化成有用物质并应用于社会生活的一门科学技术。它包括酶制剂的制备、酶的固定化、酶的修饰与改造及酶反应器等方面内容。酶工程的应用，主要集中于食品工业、轻工业以及医药工业中。

科学界预言，21世纪是一个基因工程世纪。基因工程就是人们对生物基因进行改造，利用生物生产人们想要的特殊产品。随着DNA的内部结构和遗传机制的秘密一点一点呈现在人们眼前，生物学家不再仅仅满足于探索、揭示生物遗传的秘密，而是开始跃跃欲试，设想在分子的水平上去干预生物的遗传特性。

人类基因组研究是一项生命科学的基础性研究。有科学家把基因组图谱看成是指路图，或化学中的元素周期表；也有科学家把基因组图谱比作字典，但不论是从哪个角度去阐释，破解人类自身基因密码，以促进人类健康、预防疾病、延长寿命，其应用前景都是极其美好的。人类10万个基因的信息以及相应的染色体位置被破译后，破译人类和动植物的基因密码，为攻克疾病和提高农作物产量开拓了广阔的前景，将成为医学和生物制药产业知识和技术创新的源泉。

科学研究证明，一些困扰人类健康的主要疾病，例如心脑血管疾病、糖尿病、肝病、癌症等都与基因有关。依据已经破译的基因序列和功能，找出这些基因并针对相应的病变区位进行药物筛选，甚至基于已有的基因知识来设计新药，就能“有的放矢”地修补或替换这些病变的基因，从而根治顽症。基因药物将成为21世纪医药中的耀眼明星。基因研究不仅能够为筛选和研制新药提供基础数据，也为利用基因进行检测、预防和治疗疾病提供了可能。比如，有同样生活习惯和生活环境的人，由于具有不同基因序列，对同一种病的易感性就大不一样。明显的例子有，同为吸烟人群，有人就易患肺癌，有人则不然。医生会根据个人不同的基因序列给予因人而异的指导，使其养成科学合理的生活习惯，最大可能地预防疾病。

◎基因治疗

基因作为机体内的遗传单位，不仅可以决定我们的相貌、高矮，而且它的异常会不可避免地导致各种疾病的出现。某些缺陷基因可能会遗传给后代，有些则不能。基因治疗的提出最初是针对单基因缺陷的遗传疾病，目的在于有一个正常的基因来代替缺陷基因或者来补救缺陷基因的致病因素。用基因治病是把功能基因导入病人体内使之表达，并因表达产物——蛋白质发挥了功能使疾病得以治疗。基因治疗的结果就像给基因做了一次手术，治病治根，所以有人又把它形容为“分子外科”。

我们可以将基因治疗分为性细胞基因和体细胞基因治疗两种类型。性细胞基因治疗是在患者的性细胞中进行操作，使其后代从此再不会得这种遗传疾病。体细胞基因治疗是当前基因治疗研究的主流。但其不足之处也很明显，它并没前改变病人已有单个或多个基因缺陷的遗传背景，以致在其后代的子孙中必然还会有人要患这一疾病。

无论哪一种基因治疗，目前都处于初期的临床试验阶段，均没有稳定的疗效和完全的安全性，这是当前基因治疗的研究现状。

可以说，在没有完全解释人类基因组的运转机制、充分了解基因调控机制和疾病的分子机理之前进行基因治疗是相当危险的。增强基因治疗的安全性，提高临床试验的严密性及合理性尤为重要。尽管基因治疗仍有许多障碍有待克服，但总的趋势是令人鼓舞的。据统计，截至 1998 年底，世界范围内已有 373 个临床法案被实施，累计 3134 人接受了基因转移试验，充分显示了其巨大的开发潜力及应用前景。正如基因治疗的奠基者们当初所预言的那样，基因治疗的出现将推动新世纪医学的革命性变化。

◎ 人类基因组计划

现代遗传学家认为，基因是 DNA（脱氧核糖核酸）分子上具有遗传效应的特定核苷酸序列的总称，是具有遗传效应的 DNA 分子片段。基因位于染色体上，并在染色体上呈线性排列。基因不仅可以通过复制把遗传信息传递给下一代，还可以使遗传信息得到表达。

那么，什么是基因组呢？基因组就是一个物种中所有基因的整体组成。人类基因组有两层意义：遗传信息和遗传物质。要揭开生命的奥秘，就需要从整体水平研究基因的存在、基因的结构与功能、基因之间的相互关系。

为什么选择人类的基因组进行研究？因为人类是在“进化”历程上最高级的生物，对它的研究有助于认识自身、掌握生老病死规律，了解生命体生长发育的规律、认识种属之间和个体之间存在差异的起因、认识疾病产生的机制以及长寿与衰老等生命现象，为疾病的诊治提供科学依据。测出人类基因组 DNA 的 30 亿个碱基对的序列，发现所有人类基因，找出它们在染色体上的位置，破译人类全部遗传信息。在人类基因组计划中，还包括对 5 种生物基因组的研究：大肠杆菌、酵母、线虫、果蝇和小鼠，称之为人类的 5 种“模式生物”。

人类只有一个基因组，有5万~10万个基因。人类基因组计划是美国科学家于1985年率先提出的，旨在阐明人类基因组30亿个碱基对的序列，发现所有人类基因并搞清其在染色体上的位置，破译人类全部遗传信息，使人类第一次在分子水平上全面地认识自我。计划于1990年正式启动，这一价值30亿美元的计划的目标是，为30亿个碱基对构成的人类基因组精确测序，从而最终弄清楚每种基因制造的蛋白质及其作用。随着人类基因组逐渐被破译，一张生命之图将被绘就，人们的生活也将发生巨大变化。随着我们对人类本身的了解迈上新的台阶，很多疾病的病因将被揭开，药物就会设计得更好些。

知识小链接

线　虫

袋形动物门线虫纲所有蠕虫的通称，系动物界中数量最丰者之一，寄生于动、植物，或自由生活于土壤、淡水和海水环境中，甚至在醋和啤酒这样稀罕的地方亦可见到。通常呈乳白、淡黄或棕红色。大小差别很大，小的不足1毫米，大的长达8米。

英、日、德、法等国随后积极响应，使人类基因组计划逐步演变成为一项大型国际科技合作计划。作为参与这一计划的唯一的发展中国家，我国于1999年跻身人类基因组计划，承担了1%的测序任务。

2000年6月，人类基因组计划完成了人类基因组序列的“工作框架图”；2002年2月又公布了人类基因组“精细图”。人类基因组计划与曼哈顿原子弹计划和阿波罗登月计划并称为20世纪三大科学计划。

美国和英国科学家2006年5月18日在英国《自然》杂志网络版上发表了人类最后一个染色体——1号染色体的基因测序。

在人体全部22对常染色体中，1号染色体包含基因数量最多，达3141个，是平均水平的2倍，共有超过2.23亿个碱基对，破译难度也最大。一个由150名英国和美国科学家组成的团队历时10年，才完成了1号染色体的测序工作。

科学家不止一次宣布人类基因组计划完工，但推出的均不是全本，现代的“生命之书”更为精确，覆盖了人类基因组的99.99%。解读人体基因密码的“生命之书”宣告完成，历时16年的人类基因组计划书写完了最后一个章节。

人类基因组DNA序列图谱完成后，鉴定基因组多态性及其单倍型，以及寻找其在生物和医学应用中的重要作用成为了人们关心的热点。人们相信，在个体间，人类基因组DNA序列的差异决定了个体在疾病的易感性和药物的敏感性方面的差异。通过比较大量个体基因组的差异，从遗传的角度可以阐明人类个体发生疾病的风险以及对于环境适应能力的差异。2001年，国际人类蛋白质组组织（HUPO）正式成立，并迅即在北美、欧洲、韩国、日本成立了相应的分支机构。目前，我国也成立了相应的人类蛋白质组组织。

以研究基因功能为核心的“后基因组时代”已经来临，大规模的结构基因组、蛋白质基因组以及药物基因组的研究计划已经成为新的热点。其中涉及生物信息数据库及相关技术，生物信息数据的分析和开发，比较基因组学，基因分型及其与疾病的关系等等。生物信息技术已成为后基因时代的核心技术之一。

后基因组时代，给生物信息技术的发展提供了前所未有的机遇。生物信息学的发展将开拓出新的生命科学领域，使人们有可能在分子水平上更加系统地认识生命现象，生命科学和生物技术将随着新的世纪进入新的纪元。

基因工程的弊端

事物都具有两面性，也就是人们常说的“双刃剑”，科研成果也不例外。不得不承认基因工程在向人们展示其巨大魅力的同时，也给人们带来了一个个难题、疑惑和质疑。在这些难题、疑问和质疑之中隐藏的就是基因工程所带来的问题和弊端。

首先，我们看一看重组DNA试验过程中的隐患。在实验室中重组DNA

的时候，有时会把病毒、细菌等作为操作对象。要知道这些实验材料往往具有很高的致病性、抗药性等等，如果在操作过程中发生意外，后果不堪设想。一方面可能对操作者本身造成危害；另一方面，一旦这些东西通过载体逃逸出实验室，必然会对自然和社会环境造成严重的后果。

一些病毒具有导致靶组织损伤的基因，如肝炎病毒亲肝基因，其决不可以用于重组活疫苗的研制。因为这样的基因很可能把原本无害的微生物变成极其危险的致病因素。另外，质粒 DNA 疫苗的安全性问题有：①注入体内的质粒 DNA 可能会导致插入突变，从而引起癌基因的活化。②由于对接种所用 DNA 表达抗原的持续时间尚不甚了解，外源蛋白的长期表达有可能导致免疫病理反应。③为提高免疫力而联合使用多种基因也可能导致免疫病理反应。④接种质粒 DNA 时，可能导致宿主体内高水平抗 DNA 抗体，并诱发异常的自身免疫应答。⑤体内合成的抗原可能会有不必要的生物学活性。

在基因治疗的过程中也存在着安全性问题。基因治疗不同于基因工程药物治疗，它是通过转入体内的基因产生特定的功能分子（如细胞因子）而起作用。在此过程中可能引发的安全性问题有很多，例如逆转录病毒载体转入宿主后可能产生插入突变，从而使细胞生长调控异常或发生癌变；导入的目的基因一般不具有表达调控系统，故导入基因的表达水平高低可能会影响机体的一些生理活动；经逆转录病毒包装细胞系产生的带有目的基因的假病毒颗粒导入受体细胞的同时，也有将其污染的潜在危险。

> 趣味点击　**接　种**
>
> 医学术语：接种意为注射疫苗以预防疾病。微生物学术语：接种按无菌操作技术要求将目的微生物移接到培养基质中的过程。

基因工程对生物界的影响巨大。基因被改动后，一方面可能引起生物体内一系列未知的结构与功能的变化；另一方面，转基因操作对生物体的影响会通过遗传传递。人们通过 DNA 重组技术能将动植物和微生物的基因引入各种生物的细胞中，甚至可以使用一些人工合成的基因。试想这样的生物体一旦进入环境之中，必然会对生态系统的结构产生影响，甚至打破自然界在长期进化过程中的平衡。例如，转抗性基因生物的逃逸会因其竞争力的增强而使该物种过量繁殖，这将会使与之有竞争关系的其他物种更快的灭绝，从而破坏物种的多样性。

另外，一些转基因的生物由于人工改造，在生存上比同类的生物显得更强势，例如被植入人类生长激素的三文鱼比普通三文鱼庞大 3 倍以上，而且生长速度较快。研究生态的学者担心，强势的转基因生物会令自然界原有的品种绝种，破坏生物多样性。还有，生物技术公司声称通过转基因技术可以发展出抗虫的农作物，但这些改造过的生物可能会为其他生物带来不可预知的危害，包括蝴蝶、瓢虫等，最终导致生态平衡的破坏，甚至是另一场大自然灾害的开始。

植物基因工程中也存在严重的问题。转基因农作物会透过花粉将基因传播给近亲植物，这就是科学家所称的基因流，这就会使其他植物也出现转基因农作物的某些特征。这在一定程度上会扰乱生态的自然规律。例如，抗除草剂的基因传播到杂草，更会使“超级杂草”出现，危害粮食生产。2001 年 11 月，科学家及墨西哥政府发现墨西哥 300 多种野生玉米品种受到基因污染。墨西哥是玉米的发源地及品种集中地区，基因污染不单破坏了当地的生物多样性，更威胁到粮食安全，因为人类千百年以来就是利用多样的野生品种来培育新的农作物品种以对抗新虫害、新病害以及适应多变的气候和环境条件。中国是大豆的生物多样性中心，如果种植转基因大豆，很可能重蹈墨西哥玉米的覆辙，造成基因污染。原始性状一旦受到破坏，则遗传多样性受到破坏，会严重地威胁粮食安全。

另外，工程植株的新基因组有可能以某种方式影响环境。例如，抗病毒基因工程经常使用外壳蛋白基因，当这样的植株受到另外一种病毒侵染时，可能产生一种新的杂交病毒，含有植物所合成的蛋白质外壳和侵染病毒的基因组。这种杂交的病毒可能具有意想不到的危害性。例如，新的蛋白质外壳可能扩大其侵染范围，原先有抗性的植物也可能受到侵染。

人类基因组研究涉及了众多的伦理学问题，例如基因图谱和信息的使用与人类的社会权利问题，遗传信息的隐私权，基因组信息的医学解释与心理、名誉损害问题，DNA 银行管理问题，基因资源外流、垄断问题等等。解决这些伦理问题的焦点，在于如何以尊重和平等去对待不同基因的个人，自主、保密怎样去实现等。人类克隆基因工程产生的伦理学问题远远要多于克隆羊引起的世纪震撼。如此高风险的克隆技术是否与自然规律违背？与个人、家庭、社会伦理如何达成一致？在实验室中驾驭生物物质，把人的性爱与生殖彻底分开，是否能为人们所接受，是否违背性伦理？克隆人的出现打乱了正常的家庭关系怎么办，克隆人自我认同及自身遇到的一系列社会矛盾该如何解决？移植克隆器官是否合理、正确？人们能否认可将克隆技术用于治疗遗传病、不育症？还有，克隆技术给社会政治、法律带来的一系列难题等等。

最后，当今世界恐怖主义活动日益猖獗，而人们最担心的就是生化武器的研制和扩散。一些专家指出，1 万美元的资金，只要 20 平方米的空间，就可以建立一座一流的生物武器库。更可怕的是，生物武器研制基本已不存在什么秘密，通过重组 DNA 可以使许多疫苗和抗菌素丧失作用。当前已经生产出了新型、高效传染性病毒，用毒素基因与流感病毒基因拼接的新生物毒素已经能够大批量生产。一旦让那些在心理和行为上变态的恐怖分子获取了生产生物武器的技术，任何反恐力量都将会变得脆弱无比，世界安全也就再也无法保障。

总之，基因工程作为人类一个神奇的工具，一方面让人类获得了意想不到的惊喜，在另一方面却又存在着巨大的弊端。要用好这个工具，就要权衡左右，尽量克服弊端，充分发挥它的作用。